秋 秋处露秋寒霜降

冬 冬雪雪冬小大寒

节气歌

立春天气暖，雨水送粪完。

惊蛰快耙地，春分犁不闲。

清明多植树，谷雨好种田。

立夏点瓜豆，小满种棉晚。

芒种收割麦，夏至多锄田。

小暑不算热，大暑到伏天。

立秋种白菜，处暑摘新棉。

白露要打枣，秋分种麦田。

寒露收割毕，霜降地要翻。

立冬作计划，小雪人不闲。

大雪要封地，冬至改长天。

小寒天气冷，大寒过新年。

节气记得清，丰收永相伴。

彩绘

二十四节气

付肇嘉◎编著　构兰英◎绘图

上海科学普及出版社

图书在版编目（CIP）数据

彩绘二十四节气 / 付肇嘉编著；构兰英绘图. -- 上海：上海科学普及出版社, 2018

ISBN 978-7-5427-7226-8

Ⅰ. ①彩… Ⅱ. ①付… ②构… Ⅲ. ①二十四节气－中国－儿童读物 Ⅳ. ①P462-64

中国版本图书馆CIP数据核字(2018)第119169号

责任编辑　李潇潇

彩绘二十四节气

付肇嘉 / 编著　构兰英 / 绘图

上海科学普及出版社出版发行

（上海中山北路832号　邮政编码200070）

http://www.pspsh.com

各地新华书店经销　三河市双升印务有限公司

开本787×1092　1/12　印张11　字数39千字

2018年6月第1版　2018年6月第1次印刷

ISBN 978-7-5427-7226-8　定价：49.80元

目录
CONTENTS

爷爷生活在黄河中下游的农村，那里一年四季分明。爷爷在当地可是个大学问家，什么天文、地理、风俗、民情等，没有他老人家不知道的，尤其是关于二十四节气的知识，让他讲三天三夜都讲不完。

立春

百草回芽

　　春天像个温柔的小姐姐，悄无声息地来了。"打春喽，打春喽！"大清早，大街上小伙伴一阵清脆的叫声，惊醒了正在睡梦中的我。紧接着，就看见奶奶拿着一只漂亮的春鸡走到我的房间，说："诚诚，今天打春，快戴上春鸡，去迎春吧！"每年立春这一天，奶奶都会用彩色绸布和棉花做成春鸡，戴在我的头上或帽子上，俗称戴"春鸡"，希望我能丰衣足食，健康成长，吉祥如意。

立春

每年阳历2月3~5日，太阳到达黄经315°，为立春节气。立春后，天虽冷，地虽冻，然而天气却在一天天变暖。从立春一直到立夏前一天，都被称为春天。立春这天，人们要戴春鸡、佩燕子，宣告春天的到来，还要吃春饼、萝卜等来进行庆祝，叫"咬春"。立春分三候：一候东风解冻，二候蛰（zhé）虫始振，三候鱼陟（zhì）负冰。

立春三候

一候：东风解冻

东风，即春风。解冻，即天气变暖。立春后，吹到我们脸上的风已不是让我们感觉刺骨的寒风。你看，麦田里的积雪已经开始融化，麦苗在迎接春天的到来，显示出勃勃生机。

二候：蛰虫始振

蛰虫，就是藏在泥土下冬眠的小动物。始振，就是开始苏醒。东风来了，春天的脚步近了，酣睡了一冬的青蛙、蛇等冬眠的小动物，也欣欣然，动一动身体，开始苏醒了。

三候：鱼陟负冰

鱼陟，即鱼向上浮。负冰，即驮着冰或背着冰。立春了，河面上的冰开始融化了，小鱼开始到水面上游动，此时水面上还有没完全融化的碎冰片，如同被鱼负着一般浮在水面上。

乍暖还寒时分，樱桃花悄然开放，它们举起小喇叭，好像在告诉人们：春天已经来了！

民俗：戴春鸡

每年立春日，有些地方的人们用彩色的绸布和棉花做成"春鸡"，缝在小孩帽子的顶端，表示"春吉（鸡）"，祝愿新春吉祥。

民俗：拜句芒神

民间有拜句（gōu）芒神的风俗。句芒神为春神，即主管农事之神。这种祭祀行为是为了祈求农业的丰收。

民俗：报春

立春日这天，有人会敲着小锣鼓，吟着迎春的赞词，挨家挨户送上一张春牛图，俗称"报春"。送春牛图，意在提醒人们，一年之计在于春，要抓紧农耕，莫误大好农时。

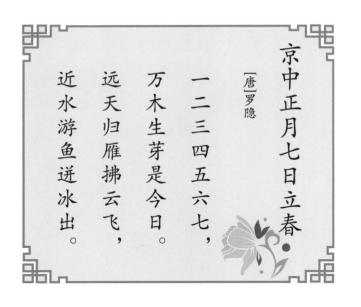

京中正月七日立春

[唐]罗隐

一二三四五六七，
万木生芽是今日。
远天归雁拂云飞，
近水游鱼迸冰出。

民俗：佩燕子

每年立春日，中国民间有些地方的人们喜欢在胸前佩戴用彩绸和棉花缝制成的"燕子"，因为燕子是报春的使者，也是幸福吉祥的象征。

民俗：吊春穗

每年立春日，陕西澄城一带有吊春穗的习俗。人们用各色布绺编成布穗，或用彩色线缠成各种形态的"麦穗"，然后吊在孩子或年轻人身上，也可挂在牛、马、驴等牲口身上，藉以祝福来年风调雨顺，五谷丰登。

民俗：鞭春牛

鞭春牛是立春仪式，通常在立春日早晨举行，最初的鞭春牛可能用的是真牛，后改为土牛，清末时期又改用纸牛。鞭春牛的寓意就是打去牛的懒惰，让牛变得勤快，从而做好春耕的准备。

立春这天，家家户户都要用新鲜蔬菜做春饼，吃了春饼，再咬几口萝卜，以示迎春和祝福。

煨（wēi）春，即喝春茶。每年立春日，浙江温州一带有烧食春茶的习俗。将春茶煨好后，饭前先敬家中祖先，然后与家人分享。立春日喝春茶，可明目益智。

节日：春节

立春前后的农历节日是春节，俗称过年，已有四千多年的历史，是我国最隆重、最热闹的传统佳节。在民间，春节从腊月二十三或二十四的祭灶就拉开了序幕，至除夕和正月初一达到高潮。除夕这天，家家户户都在忙着贴春联、挂灯笼、包饺子、做年夜饭，还要举行各种仪式和活动，如祭天地、祭祖先、祈求平安、迎禧接福等。从初一早上开始，人们就开始走亲访友，互赠礼物，表达新年的祝福，一般要持续多天。

穿新衣

过年人们都有穿新衣的习俗，而且最好是大红的，一是表示喜庆，二是表示新的一年开始了，三是要在新年辞旧迎新。

包饺子

大年初一早上吃饺子是北方人的习俗，寓意是为了一年交好运。人们在包水饺时，习惯于在某一个水饺里面放一枚硬币，据说吃到硬币者为全家当年最有福之人。

放爆竹、挂灯笼

春节有放爆竹、挂灯笼的习俗。爆竹也叫"爆仗""炮仗"，许多单个的爆竹联结成串，则叫作"鞭炮""响鞭"。红红火火的灯笼象征着团圆，为春节增添一份喜庆。

拜 年

大年初一，人们都会出门相互拜年，恭祝来年大吉大利。拜年的方式多种多样，有的是由长辈带领若干人挨家挨户地拜年；有的是同时相邀几个人去拜年；也有大家聚在一起相互祝贺，称为"团拜"。

雨水

草木萌动

"下雨啦！下雨啦！"我和小伙伴们兴奋地喊着。春姑娘来了，空气中流动着泥土的清新气息。春姑娘拿着水瓶，把春雨洒向了大地，滋润着万物。春雨来到田野里、草地上、花园里，如同神奇的画家一般，将一丛丛小草染青了，把一棵棵柳树涂绿了，把一朵朵花儿点成了彩色，到处是一派繁荣的景象！

雨水

每年阳历2月18~20日，太阳到达黄经330°，为雨水节气。此时，天气变暖、冰雪融化、降水增多，我们能够明显地感受到春天的气息。另外，农事上正是春耕备耕的好时机，如除草、施肥、清沟、春灌等。如果春耕不及时，就会影响庄稼的正常生长，更谈不上庄稼的丰收了。雨水分三候：一候獭（tǎ）祭鱼，二候候雁北，三候草木萌动。

雨水三候

一候：獭祭鱼

水獭常常在捕了一条鱼之后，就把它咬死放在岸边，再下水去捕，等捕来的鱼够吃一顿了，才美美地把鱼吃下肚。由于将鱼摆在岸边像祭神时的供品，所以称之为"獭祭鱼"。

二候：候雁北

春天来了，大雁成群结队、浩浩荡荡地飞回了北方。在长途旅行中，它们"嘎、嘎"地叫着，好像在说："春天，我爱你！"

三候：草木萌动

雨水时节，草木随地中阳气的上腾而开始抽出嫩芽。从此，大地渐渐开始呈现出一派欣欣向荣的景象。

气象：春雨绵绵

气象：春雨绵绵

春天的小雨美妙可爱，看起来比较轻柔、娇羞，摸上去如小孩儿嫩白的肌肤那样爽滑，它像朦胧的雨帘，又像串串晶莹的珍珠。远远望去，天地间的一切都像笼罩在梦幻般的轻纱里。

物候：杏树开花

杏花开了，有的含苞欲放，像刚会笑的娃娃，咧着小嘴儿，真讨人喜欢；有的则已开放，像小女孩儿的笑脸，红扑扑的！绽开了美丽笑容的杏花，还会吸引蜜蜂来采蜜。

物候：柳树发芽

春风吹过，沉寂了一个冬天的柳树终于伸着懒腰萌出了嫩绿的小芽，一片片娇嫩的柳叶像一个个害羞的小姑娘，久久不愿意探出头来张望。

农事：春灌正当时

爷爷告诉我："麦子就靠三茬水，返青水、拔节水和灌浆水，哪茬都不能少！雨水时节正是浇返青水的时候，想丰收，家家户户都得现在行动啊！要知道，春水贵如油啊。"

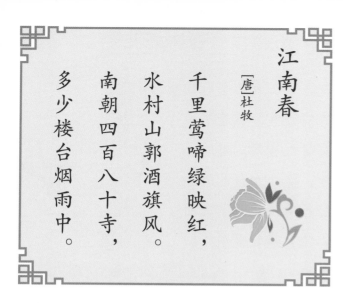

江南春

[唐]杜牧

千里莺啼绿映红，
水村山郭酒旗风。
南朝四百八十寺，
多少楼台烟雨中。

农历正月十五的元宵节往往与雨水节气相近。元宵节这一天，从早到晚到处喜气洋洋。白天，人们划旱船、扭秧歌、舞龙狮、踩高跷（qiāo），到了晚上更热闹，人们吃元宵、耍龙灯、放烟花、猜灯谜，尽情享受着节日带来的欢乐！

赏花灯

赏花灯是元宵节期间的一项传统民俗活动。汉明帝永平年间，为了弘扬佛法，令正月十五夜"燃灯表佛"。此后，元宵节赏花灯的习俗就在中国民间流传了下来。

吃元宵

元宵节，全家人欢聚一堂，其乐融融，共同享受美味的元宵。元宵即"汤圆"，以白糖、玫瑰、芝麻、豆沙等为馅，用糯米粉包成圆形，可荤可素，风味各异。可汤煮、油炸、蒸食，有团圆美满之意。

猜灯谜

猜灯谜是元宵节的一种传统习俗。这种民俗文化自南宋起开始流行。灯谜能启迪智慧又饶有兴趣，还能增添节日气氛，很受人们的欢迎。

划旱船

元宵节划旱船也是一项民俗活动。表演者中有一人划桨引船，而表演乘船者往往是走快速碎步，犹如在水面上漂动的船一样。

舞狮子

每逢元宵佳节，民间有舞狮子的民俗活动。一般由三人完成，一人充当狮头，一人充当狮身和后脚，另一人当引狮人。舞法上又有文武之分，文狮表现狮子的温驯，武狮表现狮子的威猛。

放烟花

每年元宵节晚上，朵朵漂亮的烟花会打破宁静的夜晚。此起彼伏的烟花似乎在争奇斗艳，又像在展示着人们日新月异的美好生活。美丽的烟花映亮了夜空，也映红了人们欢乐的笑脸。

耍龙灯

元宵节，除了赏花灯、猜灯谜、吃元宵等习俗之外，在中国民间还有耍龙灯的习俗。耍龙灯又称"舞龙"。"耍龙灯"的表演，有"单龙戏珠"和"双龙戏珠"两种。在耍法上，各地风格不一，各具特色。

踩高跷

踩高跷是元宵节的民俗活动之一。高跷所使用的木跷从30厘米到300厘米，高低不一。表演者服饰多模仿戏曲行头。从表演风格上又分为"文跷"和"武跷"，文跷重扭踩和情节表演，武跷重炫技功夫。

烤百病

烤百病是一种消灾祈健康的活动，是明清以来北方的风俗，一般在正月十六早晨进行。天不亮，各家各户便从自己家里抱来棉柴、芝麻秸等，在村街中央点上大火，人们围在火堆周围烤火，目的是除百病。这一活动寄托了人们消灾免祸、趋吉避凶的美好愿望。

惊蛰

春雷始鸣

惊蛰时节暖和和，青蛙河边唱山歌。

花红柳绿梨花白，黄莺鸣歌燕飞来。

又是一年好春光，千树万树百花香。

我和小伙伴们正一边唱，一边跳，突然，伴着滚滚的春雷声，一场不大不小的雨开始下了，我们赶紧捂上耳朵往家跑。爷爷说："春雷响，万物长。惊蛰节到闻雷声，震醒蛰伏越冬虫。这个节气，春耕就要正式开始了。"

惊蛰

每年阳历3月5～6日，太阳到达黄经345°，为惊蛰节气。惊蛰意味着春雷始鸣，气温逐渐升高，冬眠的动物开始苏醒，开始了一年的活动。惊蛰时节，已是春光一片，桃花红、梨花白、黄莺鸣、春燕飞，处处鸟语花香。惊蛰分三候：一候桃始华，二候仓庚（gēng）鸣，三候鹰化为鸠（jiū）。

惊 蛰 三 候

一候：桃始华

桃花的花芽在严冬时蛰伏，于惊蛰之际开花。你看，粉里透红的桃花一朵紧挨一朵，像一群漂亮的小姑娘，正在展示着自己优美的身姿。

二候：仓庚鸣

仓庚，即黄鹂。惊蛰时节，黄鹂鸟欢快地在树枝上跳来跳去，唱起了悦耳的歌，像"叮咚"的泉水，好听极了。

三候：鹰化为鸠

在惊蛰节气前后，动物开始繁殖，鹰和鸠的繁育途径大不相同，附近的鹰开始悄悄地躲起来繁育后代，而原本蛰伏的鸠开始鸣叫，古人没有看到鹰，而周围的鸠好像一下子多起来，他们就误以为是鹰变成了鸠。

物候：梨花开放

惊蛰时节，梨花已经开了不少了，挨挨挤挤的，像一个个可爱的小姑娘，从嫩绿的枝叶间探出头来，好奇地打量着春的世界。

食俗：惊蛰吃梨

我国民间素有"惊蛰吃梨"的习俗。因梨和"离"谐音，寓意与害虫分离，也寓意在气候干燥的春季，让疾病离身体远一点。梨可生津止咳、润燥化痰。

农事：果园管理

惊蛰后气候逐渐变暖，万物开始复苏，是李子等果树的开花抽梢期，也是果园管理中一个十分重要的时期：一是及早清除园内枯枝、落叶等；二是刮除枝干上的粗皮、烂疤；三是做好给果树施肥、浇水、疏花等工作，为水果的丰收做好前期准备。

观田家

[唐]韦应物

微雨众卉新，
一雷惊蛰始。
田家几日闲，
耕种从此起。

（节选）

节日：龙抬头

惊蛰前后，有一个重要的节日，就是农历二月二的"龙抬头"，又称"春龙节"。经过一冬的蛰伏，冬眠的小动物开始苏醒，万物生灵"抬头"奔向光明，又由于中国民间素有龙崇拜，因而被称为"龙抬头"。民间流行的习俗有炒黄豆、爆玉米花、剃龙头、吃龙食、打囤、填仓等。

炒黄豆

"二月二"有些地方有吃炒黄豆的习俗。小伙伴们会争先恐后地拿出自己口袋中的炒豆子，互相交换着品尝，比试一下谁家的最香、最脆。

剃龙头

俗语有"二月二，龙抬头。孩子大人都剃头，讨个好彩头"的说法。北方有些地区流行这一天"剃龙头"，即理发，传说这天理发会使人吉祥如意，福星高照。

爆玉米花

"二月二"许多地方有吃爆玉米花的习俗。一旦"嘣"的一声玉米花被炸开，空气中就有了一股迷人的香味，小孩子会飞奔着捡地上散落的玉米花，就连尾随过来的小狗也高兴地舔地上的玉米花吃。

吃龙食

"二月二"在饮食上也是有一定讲究的，这一天的饮食多以龙为名。吃春饼名曰"吃龙鳞"，吃面条则是"扶龙须"，吃米饭名曰"吃龙子"，吃饺子名曰"吃龙耳"。

打囤、填仓

"二月二"这一天，民间有"打囤""填仓"的习俗。所谓"打囤""填仓"就是先用灶灰在地上撒一个大圆圈，再把五谷杂粮放在圆圈中间。这是为了预祝来年五谷丰登、仓囤盈满。

吃爆米花的传说

①相传，玉帝不满武则天当皇帝，便下令三年内不许向人间降雨。司掌天河的龙王不忍百姓受灾挨饿，偷偷降了一场大雨。

②玉帝知道后，将龙王打下天宫，压在一座大山下。山旁还立了一块碑，上面写道："龙王降雨犯天规，当受人间千秋罪。要想重登凌霄阁，除非金豆开花时。"

③百姓为了拯救龙王，到处寻找开花的金豆。到了第二年二月初二这一天，人们在翻晒金黄的玉米种子时，突然想起，这玉米就像金豆，炒开了花，不就是金豆开花吗？于是家家户户爆玉米花，然后供上"开花的金豆"。

④玉帝见此，只好诏令龙王回到天庭，继续掌管云雨。从此以后，每到二月二这一天，人们就爆玉米花，或炒黄豆。

春分

昼夜均分

"春分春分，昼夜均分。杨柳青青，草长莺飞。小麦拔节，油菜飘香。春分一刻，贵值千金。"吃过早饭，我一边唱着爷爷教我的歌谣，一边跟着爷爷来到村外的小河边放风筝。啊！好美呀！河岸的柳树弯下腰，低下头，看着河水，仿佛在对着镜子梳理秀发；小燕子停在嫩绿的柳枝上，叽叽喳喳地唱着；河畔的油菜花也开了。爷爷告诉我："春分好时节，踏青正当时。"

春分

每年阳历 3 月 20～21 日，太阳到达黄经 0°，为春分节气。这天昼夜长短平分，正当春季九十日一半，故称"春分"。春分时节，我国大部分地区都进入明媚的春天，桃花的红、梨花的白、油菜花的黄、垂柳的绿，构成了绚丽多彩的春日美景。春分分三候：一候元鸟至，二候雷乃发声，三候始电。

春分三候

一候：元鸟至

元鸟即燕子。春分前后，春暖花开，燕子飞回了北方。你看，春燕穿着灰色外套，胸口露出了白衬衣，正衔着泥巴，忙着筑巢呢！

二候：雷乃发声

雷是春天阳气生发的声音，阳气在奋力冲破阴气的阻扰，隆隆有声，但看不到闪电。

三候：始电

雷电本是一体，雷为声，电为光，光速比音速快，但古人认为阳先行，阴始动，以雷为阳之气，以电为阴之质，故二候"雷乃发声"，三候"始电"。

民俗：竖蛋游戏

春分这天最好玩的莫过于"竖蛋游戏"了。为了让鸡蛋竖起来，首先要选择一个一头大一头小的新鲜鸡蛋，立蛋时将大头朝下，这样重心会比较低，容易保持平衡；其次，立鸡蛋的手要尽量保持不动，这样蛋才能竖起来。

民俗：放风筝

"儿童散学归来早，忙趁东风放纸鸢（yuān）。"春分正是放风筝的大好时节。天空中飘荡着各式各样的风筝，它们晃晃悠悠，互比高低，都在向着蓝天，向着白云展翅飞翔。风筝又叫纸鸢，起源于我国春秋时期，被称为人类最早的飞行器，至今已有两千多年的历史。山东潍坊市被誉为"世界风筝之都"。

气象：倒春寒

原以为春暖花开就会赶走冬日寒冷，不料大人说的"倒春寒"也会不时来袭，它就像个顽皮的小孩，玩疯了的时候，可使气温猛降至10℃以下，甚至还出现雨雪天气。

食俗：吃春菜

春分时节，正是吃春菜的好时候。春菜是一种野苋（xiàn）菜，爷爷说它还有另一个名字叫"春碧蒿"，鲜嫩翠绿，清润爽口。

物候：海棠花开

春分时节，红艳艳的海棠花竞相开放了，一串一串地挂在枝头，好像一串串糖葫芦。

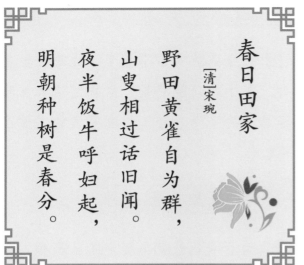

春日田家
[清]宋琬
野田黄雀自为群，
山叟相过话旧闻。
夜半饭牛呼妇起，
明朝种树是春分。

春分节气，有一个中国传统节日，就是农历三月初三的"上巳节"。上巳节是一个与生育相关的节日，民间有祭祀饮酒、临水浮卵、曲水流觞（shāng）、吃荠菜煮鸡蛋等习俗。

荠菜煮鸡蛋

民谚有"三月三，荠菜赛灵丹""春食荠菜赛仙丹"的说法。每年农历三月初三，中国民间有吃荠菜煮鸡蛋的习俗。

曲水流觞

曲水流觞是文人雅士的娱乐活动。众人坐于环曲的水边，把盛着酒的觞置于流水之上，任其顺水漂流，停在谁的面前，谁就要将杯中酒一饮而尽，并赋诗一首，否则会被罚酒三杯。

临水浮卵

蛋在任何一种文化里都是生育的符号。上巳节古时有临水浮卵的习俗，即将煮熟的鸡蛋放在河水中，任其飘浮，谁拾到谁食之。表达了人们祈求生育子嗣（sì）的美好愿望。

清明

祭祖踏青

　　清明节这天，家家户户都忙着给逝去的亲人扫墓，我和爷爷也不例外。我们带上果品、纸钱、铁锹等到先人的墓地，为其上供食物，烧纸钱，并给坟墓除去杂草，培上新土，插上嫩绿的柳枝，然后在坟前叩头行礼祭拜，表达我们对已故亲人的怀念和哀思。爷爷告诉我："清明节又称踏青节，是我国传统节日，也是最重要的祭祀节日之一。"

清明

每年阳历 4 月 5 ～ 6 日，太阳到达黄经 15°，为清明节气。清明时节，正是春耕春种的大好时节。农谚"植树造林，莫过清明"，说的正是这个道理。此外，清明也是人们亲近自然、踏青的好时节。清明分三候：一候桐始华，二候田鼠化为鴽（rú），三候虹始见。

清 明 三 候

一候：桐始华

清明前后，梧桐花竞相开放，抬头望去，只见它白中带粉，粉中带紫，一团团，一簇簇，非常美丽，像一团团浮动的白云，把天空衬托得更加明净。在古诗里面，梧桐花象征着高洁美好的品质、忠贞不屈的斗志和悲伤的离情。

二候：田鼠化为鴽

清明时节，地里的田鼠为了躲避刺眼的阳光而躲到阴暗的洞穴里，而喜爱光明的鴽却从洞里钻出来享受这大好的春光，于是，古人便误以为，进入洞里的田鼠出洞后就变成了小鸟，即鴽。

三候：虹始见

清明时节雨过天晴后，人们经常会看见有缤纷的彩带挂在天边，这便是彩虹。这是什么原因呢？原来呀，清明时节雨水增多，雨后空中悬浮着许多小水滴，它们就像三棱镜一样，部分折射和反射着太阳光，而形成了雨幕中的七种色光，这便是彩虹。

自古以来，我国就有清明植树的习惯，因而有人还把清明节叫作"植树节"。

物候：柳花开

柳花即柳树开的花，呈鹅黄色。清明时节，风吹柳絮满天飞，碧绿的柳条不断地轻扬起柳花。

民俗：踏青

踏青即春游。清明时节，春暖花开，正是人们出户郊游、亲近自然的好时节，我国自古就有清明踏青的习俗。

民俗：折柳、戴柳、插柳

清明节，我国民间有折柳、戴柳、插柳的习俗。人们可折下柳枝插在头上，或将柳条编成帽子戴在头上，也可插在井边、门楣、屋檐上。据说这样做是为了纪念发明各种农业生产工具并曾"尝百草"的神农氏。

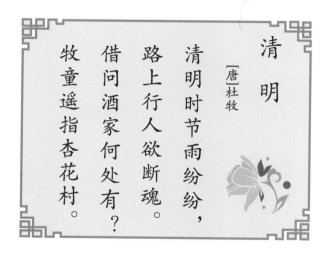

清明

[唐]杜牧

清明时节雨纷纷，
路上行人欲断魂。
借问酒家何处有？
牧童遥指杏花村。

民俗：拔河

拔河起源于春秋战国时期，当时叫作"牵钩"。在古代比赛时，以一面大旗为界，哪一方先把另一方拔过中线（代表河界），哪方就算是胜利。唐玄宗时，曾在清明节时举行大规模的拔河比赛，从此以后，清明拔河遂成习俗。

节日：寒食节

寒食节在清明节前一两日，又称作"禁烟节""冷节"，意思是这一天要禁烟火，只吃冷食，意为纪念春秋时期晋国的名臣义士介子推。寒食节绵延至今两千余年，曾被称为民间第一大祭日，直到后来才逐渐被清明节取代。

禁烟冷食

寒食节家家禁止生火，都吃冷食。寒食饮食包括寒食粥、寒食面、寒食浆等；寒食供品有面燕、蛇盘兔、枣饼等；饮品有春酒、新茶等数十种之多。

蒸蛇盘兔

寒食节，人们为了纪念介子推，就用面粉发酵后捏成"蛇"和"兔"的形状，然后蒸熟。"蛇"代表介子推的母亲，"兔"代表介子推，"蛇"和"兔"缠绕在一起，用来表达孝道之心。而且，在山西介休方言中"蛇盘兔"与"必定富"谐音，寄托着人们追求富裕、美好生活的向往。

蒸寒燕

寒食节，民间有蒸寒燕的习俗。寒燕又称子推燕，用面粉捏成飞燕，蒸熟后着色。寒燕用柳条串起，纪念介子推抱柳焚身，以教化儿孙尽忠守孝，莫忘养育之恩。

子推蒸饼

子推蒸饼俗称蒸饼，是为纪念晋国大夫介子推而命名的，为寒食节的一种食俗。它以精粉、猪板油、香油、花椒粉等为原料，经过和面、发酵、擀面、压形、笼蒸等诸多工序制成。

咏 诗

每逢寒食节，文人墨客们都有咏诗的习俗。他们或思乡念亲，或借景生情，诗兴大发，咏者甚多。

寒食节 的来历

①春秋时期，晋献公的妃子骊姬为了让自己的儿子奚齐继承王位，害死了太子申生，申生的弟弟重耳听到还要害他的风声后，迅速逃离了京城。

②重耳在逃亡途中吃尽了苦头，有一次都饿晕了过去。跟随他的介子推情急之中，毅然从自己的腿上割下一块肉，烤熟了喂给重耳吃。

③后来重耳当上了国君，史称晋文公。他封赏了许多有功之臣，唯独忘了介子推。后来有人提起，晋文公去请介子推，但介子推背着老母躲进了绵山，不肯出来。晋文公无计可施，只好放火烧山，逼其下山。谁知介子推母子宁死也不肯出来，最后发现他们母子抱着一棵烧焦的柳树死了。

④为了纪念介子推，晋文公下令将绵山改名为介山，同时把烧山的这天定为寒食节，只许人们吃干粮和冷食。

谷雨

雨生百谷

　　谷雨时节，正是农村播种移苗的最佳时节。你看，家家户户都在地里忙碌着，我和爷爷奶奶正在自家地里忙着移栽红薯秧。看着小小的红薯秧，我仿佛看到了秧下长得像小娃娃似的红薯挤在一起，正在地底下酣睡呢。

谷雨

每年阳历4月20～21日，太阳到达黄经30°，为谷雨节气。谷雨，预示着大自然的雨水更加丰沛，利于谷类作物生长。谷雨节气的到来，意味着气温攀升的速度不断加快。南方的气温高达30℃以上，而北方杨絮、柳絮四处飞扬，呈现出一片花香四溢、柳飞燕舞的美好景象。这时节北方气温虽然已经转暖，但是早晚还是比较凉。谷雨分三候：一候萍始生，二候鸣鸠拂其羽，三候戴胜降于桑。

谷雨三候

一候：萍始生

萍，指浮萍。谷雨时节，降雨量增多，水田、池塘、湖泊中的水温升高，养分增多，浮萍比较喜欢这种温暖潮湿的环境，开始快速生长。

二候：鸣鸠拂其羽

鸣鸠，指斑鸠；拂其羽，指梳理羽毛。谷雨时节，斑鸠鸣叫开始提醒人们播种了。由于春季万物生长，斑鸠也长出了新的羽毛，羽毛特别厚让斑鸠很不习惯，所以它们经常梳理自己的羽毛。

三候：戴胜降于桑

谷雨时节，桑树上开始能见到戴胜鸟。戴胜鸟是一种外形极其独特，头顶五彩羽毛，嘴尖长细窄，羽纹错落有致的小鸟。戴胜鸟头上的羽冠展开时，就像孔雀开屏，美丽极了。在中国，戴胜鸟象征着祥和、美满、快乐。

物候：牡丹花开

牡丹又名富贵花，被誉为"花中之王"。谷雨时节，牡丹花开，因此牡丹花也被称为"谷雨花"。洛阳有"千年帝都，牡丹花城"的美誉。

农事：种瓜点豆

农谚有"谷雨前后，种瓜点豆"。谷雨是种瓜点豆的最佳时节。你看，田野里，农民正在忙着种棉花、黄豆、花生等农作物。

民俗：走谷雨

古时候的人们很懂得欣赏和享受大自然。很多女子选择谷雨这天走村串亲，或者结伴到野外游逛，欣赏开满大地的"谷雨花"。与秀丽的自然风景相融合，寓意强身健体，称作"走谷雨"。

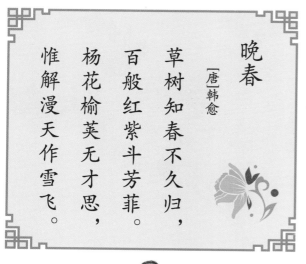

晚春

[唐]韩愈

草树知春不久归，
百般红紫斗芳菲。
杨花榆荚无才思，
惟解漫天作雪飞。

谷雨茶是谷雨时节采制的春茶，又叫二春茶。谷雨茶经过雨露的滋润，营养丰富，香气逼人，而且具有清火、明目等功效。因此，谷雨这天无论天气多么恶劣，茶农们都会采摘一些新茶回来加工。

民俗：祭仓颉

传说仓颉（jié）是我国原始象形文字的创造者之一，被后人尊为中华文字的始祖。谷雨时节自古就有祭祀仓颉的习俗。在陕西某些地方每年谷雨都要举办仓颉庙会，并于谷雨这天公祭或民祭仓颉。

民俗：祭海

捕鱼为生的渔民历来认为，谷雨时节是出海捕捞的吉日。为祈求神灵庇佑他们的海上生产一帆风顺、鱼虾满舱，于是在每年出海的前一天，即谷雨节，会举行隆重的祭典仪式，称为祭海。现在，祭海这一习俗在山东胶东、荣成一带仍然流行。

谷雨祭仓颉的传说

传说黄帝时代，黄帝的史官仓颉辞官回家造字三年，以摆脱世间没有文字的历史。玉帝深受感动，便派使臣去问仓颉要什么。仓颉当时正在酣睡，梦中只听见有人向他喊："仓颉，你造字有功，想要什么奖励？"仓颉在梦中说："我想要五谷丰登，让天下百姓都有饭吃。""好，我这就去报告玉帝。"说完那人就走了。第二天，仓颉正要出门，却见天上突然下起了谷雨，下得满山遍野都是。这时，仓颉忽然想起梦中的情景，方知是玉帝对自己的奖赏，便急忙向黄帝报告。黄帝为了表彰仓颉，就把下谷子雨的这一天定为谷雨节。从此，谷雨祭仓颉的习俗便流传下来了。

夏

春姐姐刚走，夏天就像个欢快的小弟弟，快乐地跑来。你看，乡间小路旁、庭院里一些早开的槐花已经绽放。爷爷在摘槐花，我的任务是把摘下来的槐花放到篮子里。槐花有清肝泻火的功效，可以做成各种美食，如槐花饼、槐花饺子等。

立夏

小荷才露

　　我陪爷爷到麦田里拔草。爷爷说："立夏以后，农田里容易杂草丛生，每隔三五天就要拔一次草。此时也应及时浇水、施肥、喷洒农药，否则会影响庄稼的丰收。"

立夏

每年阳历的 5 月 5~6 日，太阳到达黄经 45°，为立夏节气。立夏的到来，预示着一年中最炎热的夏季就要来临了。立夏时节，气温显著升高，农作物生长旺盛，农民正忙着抗旱、防治病虫害。这时节，杨花、柳絮消失，鸟语替代了风声。立夏分三候：一候蝼（lóu）蝈（guō）鸣，二候蚯蚓出，三候王瓜生。

立夏三候

一候：蝼蝈鸣

蝼蝈即蛙。立夏时节，蛙儿们开始表演大合唱。尤其是青蛙，它们不仅是出色的"歌唱家"，而且有捉虫本领，是庄稼的"保护神"。

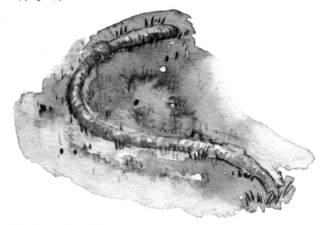

二候：蚯蚓出

蚯蚓喜欢生活在温暖、潮湿、透气、阴暗、疏松的土壤中，靠皮肤来呼吸。下雨后雨水渗进土壤中，空气稀薄，蚯蚓们就感到呼吸困难了，于是纷纷钻出地面找氧气，"哇，外面的空气好清新啊！"

三候：王瓜生

王瓜又名土瓜，葫芦科多年生攀援草本植物，生长于田间地头。立夏时节，王瓜快速攀爬生长，于六七月时会结出椭圆形的果实，成熟时，果实红艳艳的，很好看。

气象：进入雨季

立夏后，气温大幅度升高，动植物进入疯长期。江南立夏后，即将进入梅雨季节，雨量和降雨频率均明显增多。

物候：月季花开

立夏时节，芬芳的月季花开了，好像花仙子在花丛中翩翩起舞。五颜六色的月季不但装点了初夏的美丽，而且它的根、叶、花还可以入药。

食俗：吃立夏狗

浙江塘栖镇每逢立夏有让小孩吃"立夏狗"的习俗。"立夏狗"是用糯米粉加少量水搅拌，然后用南瓜等蔬菜、水果汁调成不同的颜色，再捏成千姿百态、风情万种的狗，然后上笼蒸熟就可以了。据说吃了"立夏狗"，小孩在夏季不会疰（zhù）夏。

大林寺桃花

[唐]白居易

人间四月芳菲尽，
山寺桃花始盛开。
长恨春归无觅处，
不知转入此中来。

食俗：吃立夏蛋

每逢立夏，民间有吃立夏蛋的习俗。立夏蛋一般用茶叶末或胡桃壳煮，人们认为，吃立夏蛋能强身健体。

食俗：吃乌米饭

立夏这天，江南农村有吃乌米饭的习俗。乌米饭乌黑油亮，清香可口，由糯米浸入乌树叶汁内数小时后烧煮而成。

食俗：尝三新

"尝三新"是立夏日中国民间的一种饮食风俗，即立夏日品尝三样时令食品。"三新"因各地出产、喜好不同而不同。有的地方以樱桃、青梅、新麦为"三新"，而有的地方则以酒酿、白笋、蚕豆为"三新"。这一天，人们先以"三新"祭祖，然后再自己品尝。

民俗：立夏称人

称人是立夏这一天的重要习俗。一般来说，就是在屋梁或大树上挂一杆大秤，大人双手拉住秤钩，两足悬空。小孩则坐在箩筐里，箩筐吊在秤钩上进行称重。若体重增加就是"发福"，体重减少就是"消肉"。人们以此希望过清净安乐、福寿双全的日子，并祈求上苍带来好运。

民俗：斗蛋

民间立夏有吃蛋的习俗，孩子们则最爱玩斗蛋游戏了。妈妈将煮好的"立夏蛋"套进早已编织好的丝网袋，挂到孩子胸前。孩子们便兴高采烈地聚到一起，进行斗蛋。斗蛋时蛋头斗蛋头，蛋尾击蛋尾，壳不破者获胜。农谚称："立夏胸挂蛋，孩子不疰夏。"据说孩子立夏吃蛋、斗蛋可防治夏日常见的腹胀、厌食等症。

称 人 的 传 说

　　相传三国时，赵子龙从曹营中救出刘阿斗，而阿斗的生母糜夫人为了不拖累赵云，投井自杀。阿斗由父亲刘备照料。但刘备南征北战，带孩子不方便，决定把阿斗交给后娶的孙夫人抚养。刘备安排赵子龙护送阿斗去吴国。到吴国时，刚巧是立夏日。孙夫人非常喜欢白胖的小阿斗，但又顾虑养不好阿斗，怕在夫君面前不好交代，也怕百姓笑话。于是她想了一个办法：立夏这天，她当着赵子龙的面把阿斗称一称，到第二年立夏再称，就知道孩子养得好不好了。主意打定，孙夫人便立即叫人将小阿斗过秤。以后每年立夏日，孙夫人都要把小阿斗称一称，然后向刘备报信。就这样，在江南一带，就形成了立夏日称人的习俗。

吃乌米饭的传说

　　关于吃乌米饭的传说，流传最广的就是战国时期孙膑的故事。传说孙膑被其同窗学友庞涓迫害关在猪舍后，老狱卒非常同情孙膑的遭遇，看他一天天消瘦下去，便经常用乌树叶汁煮出乌黑的糯米饭，再捏成饭团，偷送给孙膑吃。孙膑不仅活了下来，身体还很健康，最终逃出庞涓的"魔爪"。孙膑第一次吃乌米饭就是在立夏那天。后来孙膑十分感激那位老狱卒，每到立夏，他就要吃一顿乌米饭。人们钦佩孙膑的气节才华，于是也在立夏时做乌米饭吃。从此立夏吃乌米饭的风俗便形成了。

小满

麦秋将至

　　我和爷爷来到了麦田里。爷爷一边干活，一边和地邻谈论着长势不错的小麦，越说越高兴。我正在听他们聊天，扭头一看，哇，一只漂亮的蝴蝶飞来了，我赶忙跑过去捉它。

小满

每年阳历 5 月 20～22 日，太阳到达黄经 60°，为小满节气。小满的含义是指此时自然界的植物都比较丰盛了，麦类的籽粒将满未满，所以称为小满。此时，南北温差进一步缩小，全国大多数地区气温都达到 22℃以上，对于土地一年两熟地区的农民来说，此时也意味着夏收、夏种、夏管，"三夏"大忙的序幕将就此拉开。小满分三候：一候苦菜秀，二候靡（mí）草死，三候麦秋至。

小满三候

一候：苦菜秀

秀是开花的意思。小满时节，田野里的苦菜花开了，那一株株可爱的小精灵，穿着绿裙，挺着脖颈，扬着金黄色的笑脸，尽情地绽放着自己的快乐。

二候：靡草死

靡草指的是一些喜阴的枝条细软的草类。小满时节，这些植物经受不了烈日的煎熬，很快便枯死了。

三候：麦秋至

这里的"秋"是麦类作物成熟的意思，不是指节令上的秋季。小满时节，虽然时间上还是夏季，麦子却马上就要成熟了，所以称为麦秋至。

干热风是一种高温、低湿并伴有一定风力的农业灾害性天气。小满时的冬小麦已进入成熟阶段，这时最怕干热风。

物候：石榴花开

亭亭玉立的石榴树十分耀眼。在翠绿的叶子间，石榴花已开放，像一个个红灯笼，有的还是含苞欲放的花蕾，在枝叶间吸引着人们的目光。

农事：插秧

小满正是适宜水稻栽插的时节。这个时节，家家户户都抢晴天、斗雨天，忙种、忙收、忙管，大人忙不过来，也会叫上孩子们一起去帮忙。

小满

[宋] 欧阳修

迎风笑落红。
最爱垄头麦，
皓月醒长空。
夜莺啼绿柳，

小满时节，许多地方有吃油茶面的习俗。油茶面就是"油炒面"。将新小麦磨成面粉，用小火炒成麦黄色，然后取出，再在锅中放香油，油热时将油倒入已经炒熟的面粉中，然后再放入炒熟的黑芝麻、白芝麻、瓜子仁等调味品搅拌均匀。食用时用开水冲成糊状，再加上适量白糖和糖桂花汁，搅拌均匀即可。油茶面吃起来香甜可口，堪称人间美味。

节日：祈蚕节

传说小满为蚕神诞辰。蚕很"娇贵"，很难养活。气温，湿度，桑叶的干、湿等因素均会影响蚕的生长。由于蚕难养，古代把蚕视作"天物"。为了祈求"天物"的宽恕，又有个好收成，因此盛产丝绸的江浙一带在小满节气期间有一个节日——祈蚕节。江浙一带建有许多"蚕神庙"，在祈蚕节时养蚕人家都要带上供品进行祭拜，以祈求蚕茧丰收。

芒种

虎口夺粮

麦子熟了！爷爷说："芒种收麦子，如同虎口夺粮，否则刮一场大风，下一场暴雨，麦子就遭殃了。"一大早，爷爷、奶奶就到地里割麦子，就连平时在城里打工的爸爸妈妈、叔叔阿姨也回来帮家里抢收麦子了。我们小孩子也跟在大人后面，将麦秆拢抱成堆，或者到麦茬地里捡拾散落的麦穗。

芒种

每年阳历 6 月 5～7 日，太阳到达黄经 75°，为芒种节气。芒种时，小麦等有芒作物成熟，玉米、高粱等谷黍类夏播作物开始播种，农民忙收又忙种，同时还要进行苗期管理，已全面进入"三夏"大忙的高潮时期。这时节，雨量充沛，气温升高，空气潮湿，南方进入"梅雨季节"。芒种分三候：一候螳螂生，二候䴗（jú）始鸣，三候反舌无声。

一候：螳螂生

螳螂又称刀螂，其标志性特征是有两把"大刀"，用来钩住猎物。螳螂以捕食昆虫为生，是农田害虫的重要天敌。它一般于秋天产卵，到小满时节，开始破壳，孵出小螳螂。

二候：䴗始鸣

䴗，一种鸟，又名"伯劳"，生活在开阔的林地，生性凶猛，有"雀中猛禽"之称。伯劳鸟也有着很强的母性，当巢穴受到攻击时，它会拼命地反击以保护幼鸟。芒种时节，伯劳鸟开始鸣叫。

三候：反舌无声

反舌鸟又叫"百舌鸟"。据说，反舌鸟在春天来临之前开始鸣叫，声音像是"春起也——春起也——"。到了夏初鸣叫时，声音则变为"春去也——春去也——"，好像在提醒人们要珍惜大好时光似的。芒种时节，反舌鸟停止鸣叫。

气象：龙卷风

龙卷风是一种强烈的旋风，芒种时节时有发生，其风力可达12级以上，破坏力极强，严重时甚至能将大树连根拔起。此外，冰雹、暴雨、大风、干旱等天气灾害也时常相伴发生。

物候：栀子花开

芒种时节，栀子花静静地绽放了。花瓣洁白如玉，花香沁人心脾。

农事：抢收小麦

芒种是一年中最忙的时节。小麦成熟了，若遇连阴雨及大风、冰雹等天气，往往使小麦不能及时收割而导致麦株倒伏、落粒、麦穗发芽霉变等。因此必须抓紧一切有利时机抢割、抢运、抢脱粒，正如农谚所说"收麦如救火，龙口把粮夺"。

四时田园杂兴（其一）

[宋]范成大

昼出耘田夜绩麻，
村庄儿女各当家。
童孙未解供耕织，
也傍桑阴学种瓜。

每年农历五月初五为我国的传统节日——端午节。端午节又称为"端阳节""重五节""天中节"等。多数年份的端午节都在芒种前后。每到这一天，家家户户都会忙着悬钟馗像、插艾叶菖蒲、包粽子、吃粽子等，一些地方还会举行赛龙舟活动，节日气氛十分浓郁。

吃粽子

包粽子、吃粽子，是端午节的重要习俗。据史料记载，公元前278年农历五月初五，楚国大夫、爱国诗人屈原听到楚国沦陷的消息后，悲愤交加，毅然抱石投入汨罗江，以身殉国。沿江百姓纷纷划船前去打捞，并将粽子投入江中，以免鱼虾蚕食他的身体。从此，端午吃粽子这一习俗便流传至今。

吃鸡蛋

我国很多地区有端午节吃鸡蛋的风俗。茶叶蛋、盐水蛋、大蒜蛋都是端午节的风味佳肴。在我国北方部分地区，还有用艾叶煮鸡蛋吃的习俗，据说这样可以免除夏季蚊虫的叮咬，让孩子大人安然度夏呢！

赛龙舟

南方每年端午节举行的赛龙舟活动也是为了纪念屈原。龙舟船头装有各式各样的木雕龙头，色彩绚丽，形态各异。开赛号令一响，船员齐力划桨，奋勇争先，远远望去，每艘龙舟都像离弦的箭一样，恨不得一步到岸。

插艾叶菖蒲

俗话说："端午插艾，驱虫避邪保平安。"每到端午节，民间有插艾叶菖蒲的习俗。通常是折取几枝艾叶和菖蒲，用菖蒲缠好，然后将其插在门窗上、屋檐下、猪舍中和鸡棚上。

佩香囊

香囊是香荷包的简称，端午节中国民间有给小孩、老人佩香囊的习俗。香囊内通常填充一些具有芳香开窍作用的中草药，有清香、驱虫、避瘟、防病的功效。

点雄黄酒

雄黄是一味中药材，有解毒杀虫之功效。所以在端午节时，古人们会将雄黄泡在酒中，用雄黄酒在小孩的脑门画上"王"字，让小孩带上猛虎的印记，据说这样做能镇邪避毒。

饮雄黄酒

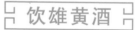

端午节喝雄黄酒据说可以驱避五毒。关于雄黄酒还有一个动人的传说。白蛇历经五百年修得人形，在断桥与许仙相遇，两人一见钟情并结为夫妻。金山寺和尚法海却认为此乃妖孽为害，遂鼓惑许仙在五月初五这天给白娘子喝下雄黄酒。白娘子不知内情，饮下后便露出了原形，将许仙吓得昏死过去。白娘子为救许仙，舍命去盗灵芝，演绎了一个千古绝唱的爱情故事。

拴五色丝线

中国古代崇敬五色，以五色为吉祥色。因而，端午节清晨，各家大人起床后第一件大事便是在孩子手腕、脚腕、脖子上拴上五色线，寓意为避开毒虫伤害，让孩子平安吉祥。

夏至

蝶舞半夏

夏至时节，炎热天气正式开始。爷爷在菜地里摘西红柿，我在田头的树荫下捉蜻蜓。想要捉到一只蜻蜓真不是一件容易的事啊，连猫咪都在替我着急。

夏至

每年阳历6月21～22日，太阳到达黄经90°，为夏至节气。夏至意味着炎热模式正式开启，随后的天气将会越来越热。这个时节，全国大部分地区气温高，光照足，雨水增多，农作物生长旺盛。此外，古人认为夏至是天道循环的一个重要转折点，因此十分重视，将夏至作为一个传统节日来过。夏至三候：一候鹿角解，二候蜩（tiáo）始鸣，三候半夏生。

夏至三候

一候：鹿角解

解，即脱落。夏至时，鹿角开始脱落。在哺乳动物中，鹿可是唯一能再生完整的身体零部件的动物哟！所以小朋友不必担心，再过三到四个月，鹿角就又长出来啦！

二候：蜩始鸣

蜩就是现在所说的蝉、知了。雄蝉在夏至时节开始嘶鸣。成年蝉，绝大多数只能存活一个月左右，最短的只有3天。雌蝉不能发声，所以称它为"哑巴蝉"。

三候：半夏生

半夏是一味重要的中药材，因为夏天过了一半才开始在沼泽地或水田中生长而得名。半夏是一种有毒的植物，小朋友不小心吃了，就会口舌发麻。但如果不小心被蝎子蜇了，用半夏的根敷在伤口上，能起到以毒攻毒的止痛作用。

民俗：夏九九

"夏九九"以夏至为起点，每九天为一个九。每年九个九共八十一天。同样，三九、四九是全年最炎热的季节。

夏九九歌

一九至二九，扇子不离手；三九二十七，冰水甜如蜜；
四九三十六，衣衫汗湿透；五九四十五，树头清风舞；
六九五十四，乘凉莫太迟；七九六十三，夜眠不盖单；
八九七十二，当心受风寒；九九八十一，家家找棉衣。

气象：暴雨增多

夏至时节，天气闷热，空气对流旺盛，暴雨增多，容易形成洪涝灾害，甚至对人们的生命财产造成威胁，应注意加强防汛工作。

物候：杏子熟

杏子熟透了，黄里透红，酸酸甜甜的。杏肉可制成杏脯、杏酱等；杏仁主要用来榨油，也可制成食品，如杏仁霜等。

物候：荔枝熟

到了夏至，荔枝熟了。你知道吗？荔枝在古时候被称为"离枝"，意思是离枝而食，可见吃荔枝还是越鲜越好！荔枝味道甘美，营养十分丰富，但小朋友切不可因此而贪吃哦，因为荔枝吃多了很容易上火的。

所见
[清]袁枚

牧童骑黄牛，
歌声振林樾。
意欲捕鸣蝉，
忽然闭口立。

夏至正值麦收时节，自古民间就有夏至这天庆祝丰收、祭祀祖先的习俗，以祈求消灾年丰。夏至前后，有的地方举行隆重的"过夏麦"祭祀活动，系古代"夏祭"活动的遗存。"过夏麦"的时间必须选在新麦下来之后。祭祖在有的地方简单多了，只需从地里折上一枝新长的稻穗，回家放到祖先的牌位面前，以示不忘祖先的养育之恩；有些地方主人则须准备好新麦蒸熟的馒头或包好的饺子、时令水果等，先祭祖，再祭天地。

游戏：立竿测影

爷爷说："夏至正午的影子是北半球一年里最短的。"不信你在夏至日前几天，拿一根竹竿立在地上，测量影子的长度；再在夏至这一天正午时分测一次，将这次测的和前几天测的影长做比较，你会发现夏至这天的影长是最短的！

食俗：吃夏至面

夏至吃面是中国许多地方的重要习俗，民间有"吃过夏至面，一天短一线"的说法。夏至时新麦已经登场，所以夏至吃面有尝新的意思。

食俗：吃夏至饼

夏收完毕，新麦上市，民间还有吃新麦尝新的习俗。用麦粉调成糊糊，摊成薄饼烤熟，并夹以青菜、豆荚及腊肉等，祭祖后食用，俗称"夏至饼"。

食俗：吃麦粥、馄饨

夏至日，无锡人有早晨吃麦粥，中午吃馄饨的习俗，这是取混沌和合之意。有谚语说："夏至馄饨冬至团，四季安康人团圆。"

农事：间苗和补苗

夏作物播种时，播种量都会超过留苗量，造成幼苗拥挤，为保证幼苗有足够的生长空间，应及时剔除不需要的农作物幼苗，称为间苗、定苗。另外，有缺苗的要及时补苗。

民俗：消夏避伏

夏至之后，天气进入最炎热的季节，古人称之为"伏日"，今人称之为"三伏"。古人对"伏"的界定是：以"夏至"为起点，夏至后的第三个庚日进入初伏，第四个庚日为中伏，立秋后第一个庚日为末伏，叫作"三伏天"，时间大约在7月中旬到8月中旬这一段。因此，从夏至开始，"消夏避伏"的习俗就逐渐兴起了。

食俗：吃麦粽

夏至时节，江南有食"麦粽"的习俗。人们不仅食"麦粽"，而且将"麦粽"作为礼物，互相馈赠。

民俗：祭土谷之神

夏至日，农民伯伯要在稻田里插上许多草人，然后在田头摆上酒食，作揖祷告，祭土谷之神。祭神之后，还要回家祭祖。

小暑

草满花堤

小暑时节，极端炎热的天气刚刚开始。爷爷在西瓜地里干活，热得满头大汗，干脆切开一个大西瓜，叫我请地邻一块儿来吃。我早已馋得口水直流，咬一口，真甜啊！

小暑

每年阳历7月6日～8，太阳到达黄经105°，为小暑节气。小暑意指极端炎热的天气刚刚开始，但这还没到一年中最热的时候。小暑时节，天气炎热，人体维生素随汗液流失，影响代谢，因此，人们应多食用富含营养成分以及清热、消暑的食物。小暑分三候：一候温风至，二候蟋蟀居壁，三候鹰始鸷（zhì）。

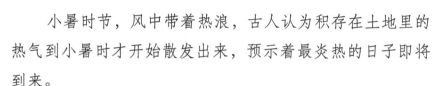

一候：温风至

小暑时节，风中带着热浪，古人认为积存在土地里的热气到小暑时才开始散发出来，预示着最炎热的日子即将到来。

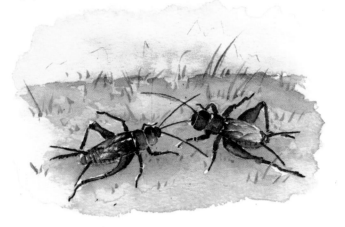

二候：蟋蟀居壁

天气越来越热，田野里的蟋蟀也忍受不了这酷暑的折磨，与朋友们结伴而行，偷偷地躲到庭院的墙角、屋檐下避暑，有时还放开嗓子"高歌"一曲，好像在说："这里环境不错，可以凉快一下了。"

三候：鹰始鸷

天气炎热，地面气温过高，老鹰为了避暑也纷纷飞到了高空中，而且还不忘带上自己的孩子——幼鹰，到高空中进行亲子活动，教小鹰们学习捕食和飞行技术。

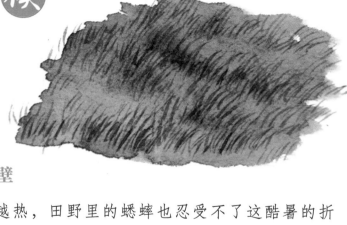

物候：映日荷花

荷花开了，密密麻麻的荷叶中，无数朵漂亮的荷花在微风的吹拂下翩翩起舞，就像一幅画，更像一首诗。

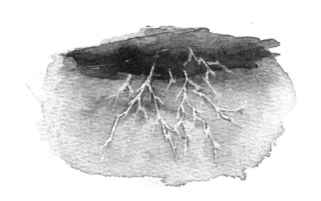

气象：雷暴

小暑时节，我国南方许多地区已进入雷暴最多的季节。雷暴是大气中的放电现象，一般伴有滂沱大雨，有时还会出现局部的大风、冰雹等强对流天气。强雷暴天气会危及人身安全，甚至引起火灾等。因此，要在雷暴来临前做好防护工作。

农事：田间管理

小暑前后，你会看到许多农民伯伯都忙着进行田间管理，如防虫害、追肥、抗旱等。此时也是棉花开始开花结铃和生长的旺盛期，在重施花铃肥的同时，还要及时整枝、打杈、去老叶，以增强通风透光，减少蕾铃脱落。

食俗：吃莲藕

小暑时节，民间自古就有吃莲藕的习俗。莲藕长在污泥里，默默无闻地给荷花提供营养。你不要看它生长在又黑又脏的污泥里，只要用清水一洗，就会显出白嫩的本色。

晓出净慈寺送林子方

[宋] 杨万里

毕竟西湖六月中，
风光不与四时同。
接天莲叶无穷碧，
映日荷花别样红。

在山东临沂地区，每到小暑，人们有给牛改善饮食的习俗。如伏日煮麦仁汤喂牛，让牛美美地饱餐一顿，据说牛喝了身体强壮，能干活，不流汗。

养生：夏不坐木

所谓"夏不坐木"指的是夏天不宜坐在露天的木器上。进入暑天，气温较高，阴雨天增多，空气湿度大，放置于露天室外的木器遭受露打雨淋后，虽然表面看上去是干燥的，但经太阳一晒，便会向外散发潮气。在上面坐久了，极易感染湿邪，因此，民间有"夏不坐木"的说法。

节日：伏羊节

伏羊节是江苏徐州的传统美食文化节日之一，入伏天吃羊肉已经成为当地的一道亮丽的文化风景线。伏羊节大约始于尧舜时代，民间有"彭城伏羊一碗汤，不用神医开药方"的说法。受伏羊文化的影响，如今上海、山东等地也都有过伏羊节的习俗。

节日：天贶节

小暑节气有个中国传统节日，即六月初六的天贶节，又称为"回娘家节""虫王节""姑姑节""洗晒节"等。因这时天气十分闷热，再加上正值雨季，空气湿度高，物品极易霉腐损坏，所以这一天民间有洗浴和晒物的习俗，传说这一天晒衣衣不蛀，曝（pù）书书不蠹（dù）。天贶节有给动物洗浴、晒衣被、晒经书等习俗。

晒经书

六月六也是佛寺的一个节日，又称为"翻经节"。传说唐僧从西天（印度）取佛经回国的路上，不慎将所有经书浸湿，于六月初六将经文取出晒干，方才保存下来。因此，寺院藏经会在天贶节这一天翻检暴晒，以防潮湿、虫蛀。

节日起源

天贶节起源于宋代。宋真宗赵恒是一个十分迷信的皇帝，有一年六月六，他声称上天赐给他一部天书，并要百姓相信他的胡言，于是定这天为天贶节，还在泰山脚下的岱庙建造了一座宏大的天贶殿。

给动物洗浴

民间常以大象为吉利的象征。每到农历六月六，民间必有为大象沐浴的习俗。除洗大象外，也洗牛、猫、狗等动物。

晒衣被

农谚有"六月六，家家'晒红绿'"的说法。六月六这天，许多人家翻箱倒柜，拿出衣物、鞋帽、被褥到太阳底下晾晒，又称"晒伏"，据说这样衣物一年内不会生蛆（qū）、返潮。

回娘家

"六月六，请姑姑。"六月六这天，妇女回娘家是天贶节的重要习俗。此时，孩子们也要跟随母亲去姥姥家，归来时，在前额上印有红记，作为避邪求福的标记。

大暑

秋声将至

爷爷说："'大暑前后，晒死泥鳅。'大暑是一年中最热的节气。天气热得连蜻蜓都只敢贴着树荫处飞。"人们为了寻得一丝清凉，三五成群地到村后的小河边避暑。大暑过后，意味着秋声将至。

大暑

每年阳历 7 月 22～24 日，太阳到达黄经 120°，为大暑节气。大暑是一年中气温最高的时节，农作物生长最快，时有雷阵雨发生，诗人刘禹锡有"东边日出西边雨，道是无晴却有晴"的诗句。这时节，农民伯伯既要时刻预防洪涝灾害，又要做好抗旱保收的田间准备工作。大暑分三候：一候腐草为萤，二候土润溽（rù）暑，三候大雨时行。

大暑三候

一候：腐草为萤

大暑时节的夜晚，小路边、篱笆旁，不时地就会看到萤火虫飞来飞去，星星点点，闪烁着荧光。萤火虫产卵是在落叶与枯草之间，在盛夏时孵化而出，所以古人竟误认为萤火虫是由腐草变化而来的。

二候：土润溽暑

土润溽暑指土壤湿度很高，天气闷热。大暑正好处在三伏天的"中伏"，即天气最热、最潮湿的时期，也是人们最难熬的时节。

三候：大雨时行

大暑时节，当早上的湿热之气向上升至对流云层，在高空遇冷，就会在午后突降雷阵雨。雨势大，但是下雨的时间不长，雨后可以稍稍感到一丝清凉。

大暑是一年中最热的时节，气温最高，有兴趣的小朋友不妨测试一下大暑这天的最高气温和最低气温。

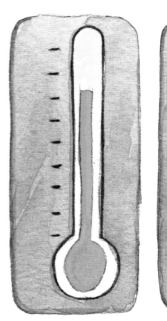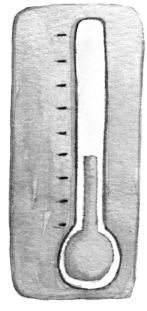

民俗：斗蟋蟀

斗蟋蟀是大暑时节的一项娱乐活动，始于唐代，盛行于宋代，清代时尤其讲究，要求蟋蟀体形雄而矫健，要挑重量与大小差不多的，用马尾鬃（zōng）等引斗，让它们互相较量。斗蟋蟀发展至今，已有八九百年的漫长历史，深受人们的喜爱。

物候：蜀葵花开

大暑时节，经常能看见五颜六色的蜀葵花，十分漂亮。蜀葵花可以入药，有清热止血、消肿解毒的功效。

气象：台风

"风如拔山怒，雨如决河倾。"这就是诗人陆游眼中台风袭来时的壮观景象。在热带气旋家族中，强热带风暴和台风的破坏力不言而喻，它们也理所当然地成了大暑时节气象舞台上的常客。

食俗：吃凤梨

在台湾，大暑有吃凤梨的习俗，民间百姓认为这个时节的凤梨最好吃，加上凤梨的闽南语发音和"旺来"相同，也让这一习俗具有了祈求平安吉祥、生意兴隆的象征意义。

食俗：吃仙草

大暑时，广东很多地方有"吃仙草"的习俗。仙草又名凉粉草、仙人草，唇形科仙草属草本植物，是重要的药食两用植物资源，因具有神奇的消暑功效，被誉为"仙草"。

民俗：送大暑船

　　送"大暑船"属于民间传统习俗。在我国浙江沿海地区，尤其是台州的渔村多有流行，其意义是把"五圣"送出海，送暑保平安。送"大暑船"时，常伴有丰富多彩的民间文艺表演。

民俗：消暑纳凉

　　大暑时节，太阳炙烤着大地，让人喘不过气来。没有一丝风，柳叶打着卷，花和草低着头，大地冒着热气，湖水热得烫手，蜻蜓低低地飞在湖面上打转，好像在向鱼儿报信："好消息，就要下雨了！"这时不管大人还是小孩，都在用不同的方式消暑纳凉，如吃冰棍、树荫下乘凉、水池中游泳等。在这炎热的天气，人们多盼望能下一场大雨凉快一下啊！

秋天，就像我们可亲的妈妈一样，缓缓地走来，带来了清爽的凉风，也带来了金色的果实。这个季节，我和小伙伴们最爱在玉米地里玩捉迷藏，可有意思了。

立秋

秋声将至

立秋时节，院子里的葡萄渐渐成熟。摘一粒，轻轻咬开，诱人的果香便会扑鼻而来。

立秋

立秋是二十四节气中的第十三个节气，每年阳历的 8 月 7~9 日，太阳到达黄经 135°，为立秋节气。立秋不仅预示着炎热的夏天即将过去，秋天即将来临，而且也表示草木开始结果孕子，进入收获季节。立秋分三候：一候凉风至，二候白露降，三候寒蝉鸣。

立秋三候

二候：白露降

立秋时节，由于白天日照很强，而夜晚又比较凉爽，早晚温差较大，夜间的水蒸气接近地面，在清晨形成白雾，又在室外植物上凝结成一颗颗晶莹的露珠。

三候：寒蝉鸣

立秋后低鸣的蝉称寒蝉。寒蝉吃饱喝足，再加上温度适宜，开始卖力地嘶鸣，好像在告诉人们："炎热的夏天过去了，要珍惜大好时光！"

一候：凉风至

立秋后，暑气渐消，舒适的小北风已不同于暑天里的热风，给人们带来了丝丝凉意。

初秋

[唐] 孟浩然

不觉初秋夜渐长，
清风习习重凄凉。
炎炎暑退茅斋静，
阶下丛莎有露光。

物候：葵花向阳

葵花开了。葵花是随太阳而转的花，所以人们又叫它"向日葵"。只要有太阳公公在，它就会扬起金色的脸庞，面向着太阳微笑。

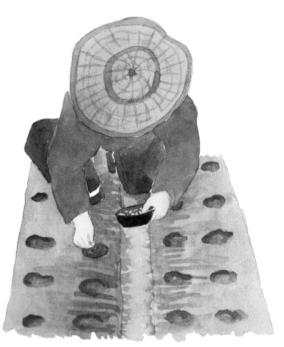

农事：白菜播种期

立秋时节，华北地区的大白菜也要抓紧播种，以保证在低温来临前争取到足够的热量条件，达到优质高产。

物候：果园飘香期

果园里，芳香扑鼻。看，一个个苹果像婴儿的小脸，红扑扑的，压弯了树枝。桃子也熟了，摘一个，咬一口，一股清香又甜蜜的汁水一涌而出，真是沁人心脾啊！

食俗：咬秋

立秋这天，许多地方有吃西瓜的习俗，称作"咬秋"，俗称"咬瓜"。和"咬春"一样，人们相信立秋时吃西瓜可免除冬天和来年春天的腹泻。

物候：棉花结铃

立秋后，各种农作物生长旺盛，棉花开花留下绿色棉铃，棉铃内有棉籽，棉籽上的茸毛棉籽表皮长出。

食俗：贴秋膘

立秋日，进补的办法就是"贴秋膘"。这一天，普通百姓家往往吃炖肉，讲究一点儿的人家吃白切肉、红焖肉，以及肉馅饺子等。而今，现代人往往担心被贴秋膘，希望能瘦一些。

民俗：晒秋

民间立秋时有晒秋的习俗。晒秋，就是将秋日成熟的物放到房前屋后搭起的晒台上，或者窗台、屋顶上，有对日祝福和赞美之意，后逐渐演变成一种传统的农俗现象。

节日：七夕节

立秋期间有一个重要的节日叫七夕节。爷爷跟我说："七夕节又称乞巧节、女儿节，是传统节日中最具浪漫色彩的一个节日。"传说农历七月七日的夜晚，是牛郎与织女在天河相会的日子；也是民间的青年男女谈情说爱、共结百年之好的日子；还是才女们一展才华、巧女们争奇斗巧的日子。

晒书晒衣

古代七夕这天，民间寻常百姓家会晒衣服，读书人家还会晒书，据说这样做可以避免虫蛀。

染指甲

七夕节前后，正是凤仙花盛开的时节，女孩儿们喜欢用鲜艳的凤仙花，加入少许明矾，将其捣成糊状后涂在指甲上，再用花叶将指甲包裹一个晚上，就能将指甲染成漂亮的红色啦！

穿针乞巧

七夕节民间有穿针乞巧的习俗，这种习俗始于汉代，流行于后世。七夕之夜，女子手执五色丝线和连续排列的七孔针趁着月光对月连续穿针引线，将线快速全部穿过者称为"得巧"。

投针验巧

七夕节，民间有投针验巧的习俗。女子乞巧，将针投于水中，借日影以验工拙。若是针影形成各种形状，或弯曲，或一头粗，一头细，或是形成其他图形，便是"得巧"。

为牛庆生

传说牛郎织女被王母娘娘用天河分开后，为了让牛郎能够跨越天河见到织女，老牛临终前让牛郎把它的皮剥下来，披着它的牛皮去见织女。人们为了纪念老牛的牺牲精神，便有了七夕为牛庆生的习俗。比如七夕这天，牛的主人会给自家的牛洗澡，并让它美餐一顿；孩子们会在七夕这天采摘漂亮的野花挂在牛角上。

制作巧果

七夕民间有制作巧果的习俗。关于巧果还有一个动人的传说呢。传说有个叫小巧的姑娘十分同情牛郎和织女的遭遇，每年七夕傍晚，她都会做上一种精致的小点心，焚香供奉，希望牛郎和织女能在天上相逢。小巧的行为感动了天庭，玉帝便令月老牵线，为小巧促成了美满婚姻。姑娘们纷纷效仿，以祈求婚姻美满、家庭幸福。这种点心被称为"巧果"，此后便作为民间习俗流传下来。

处暑

散步咏凉

爷爷说："处暑栽白菜，有利没有害。"处暑时节，我和爷爷奶奶去地里栽白菜，不大一会儿，我们就栽了一大片，望着一畦畦嫩绿的小白菜，我盼望着它们能快快长大。

处暑

每年阳历8月22~24日，太阳到达黄经150°，为处暑节气。"处"是躲藏、终止之意，"处暑"是反映气温变化的一个节气，表示炎热的暑天结束了。处暑的气候特点是昼夜温差大，降水逐渐减少，温度逐渐降低。处暑之后，秋意渐浓，正是人们畅游郊野，迎秋赏景的好时节。处暑分三候：一候天地始肃，二候禾乃登，三候鹰乃祭鸟。

处暑三候

一候：天地始肃

"肃"即肃杀之气，意为天地间万物开始凋零，寒气有点逼人。古人常在这个时节处决犯人，谓之"秋决"，也就是顺应天地肃杀之气，借此告诫人们秋天不可骄傲自满，要谨言慎行，反省收敛。

二候：禾乃登

"禾"指的是黍、稷、稻、粱类农作物的总称；"登"即成熟的意思。"禾乃登"意指谷类作物已经成熟，可以收获了。

三候：鹰乃祭鸟

处暑时节，老鹰开始大量捕猎鸟类。抓获猎物后，暂时先陈列起来，就好像在祭拜一样，所以古人称鹰乃祭鸟。

秋词

[唐]刘禹锡

自古逢秋悲寂寥，
我言秋日胜春朝。
晴空一鹤排云上，
便引诗情到碧霄。

物候：枣开始变红

俗话说："七月十五红枣圈。"这个时节，大枣开始由青变红，一串串像无数的小灯笼。大枣能健脾益气，是补血的佳品。

气象：秋老虎

不要以为到了处暑天气就不会热了，这个时节"秋老虎"余威尚在，它就像个顽皮的孩子，早晨和傍晚都很乖，但有时候玩疯了，还会让人们热得受不了。

食俗：吃鸭肉

处暑时节，天气由热转凉，雨量逐渐减少，燥气开始生成，人们会普遍感到皮肤、口鼻相对干燥，所以应注意防"秋燥"。民间素有处暑吃鸭肉的习俗。鸭肉味甘性凉，有滋补、养胃、补肾、消水肿等功效，常吃有利于防"秋燥"。

民俗：秋游

处暑之后，尽管天气仍有热的时候，却不时会拂过些许凉爽的风，身上的衣服干爽了，就连人们的心情，也似乎变得舒畅多了。此时秋意渐浓，正是人们畅游郊野、迎秋赏景的好时节。

　　处暑时的农历节日是每年七月十五的中元节，又称为鬼节，它与除夕、清明节、重阳节并称中国传统节日里祭祖的四大节日。这一天，人们要上坟扫墓，在门前或巷口焚烧纸钱，或放孔明灯、放河灯，祭奠逝去的亲人。

放河灯

　　河灯也叫"荷花灯"，一般是在底座上放灯盏或蜡烛。中元夜将一盏盏河灯放在江河湖海之中，任其漂流，用以表达对逝去亲人的悼念，以及对生者的祝福。

烧 包

　　送祖时，要烧很多纸钱、冥财，以便"祖先享用"。同时，在写有享用人姓名的纸封中装入纸钱，祭祀时焚烧，称"烧包"。

祭 祖

　　祭祖是中元节习俗之一。中元节这一天将去世的亲人"请回"家里来，进行祭祀供奉，然后七月三十日再将其"送走"。如今，祭祖仪式已经简化了，逐渐剔除了迷信色彩，保留祭奠形式，作为对祖先的缅怀和纪念。

白露

露水沾裳

　　白露时节，枣子熟了。爷爷在院子里打枣，我和奶奶在地上捡枣。放一粒枣儿在嘴里，脆生生、甜津津的，一直甜到了我的心里头。

白露

从每年阳历 9 月 7~9 日开始，太阳到达黄经 165°，为白露节气。露是白露节气后特有的一种自然现象，此时天高云淡，气爽风凉，可谓是一年中最宜人的时节。农业上，经过春夏两季的辛勤劳作之后，人们迎来了瓜果飘香、作物成熟的收获季节，与此同时，华北等地冬小麦的播种也该开始了。白露分三候：一候鸿雁来，二候玄鸟归，三候群鸟养羞。

白露三候

一候：鸿雁来

白露时节，鸿雁南归。这期间，孩子们从窗口仰望天空，很可能就会发现，大雁排着整齐的队形开始向南方飞去，以躲避即将到来的寒冬。

三候：群鸟养羞

"羞"指美食，"养"是积蓄的意思。冬天即将来临，喜鹊、麻雀、啄木鸟、山斑鸠等留在北方的鸟也开始早早地积存起食物来，提前做好过冬的准备。

二候：玄鸟归

小燕子也感受到了节气的变化，纷纷成群结队地飞向南方，到适合自己居住的地方去了。

物候：核桃熟了

核桃又名胡桃，与扁桃、腰果、榛子一起，被列为世界四大干果。白露时节，核桃成熟了。树杈上挂满了核桃，就像一盏盏碧绿的小灯笼，用竹竿一打，核桃便噼里啪啦地落下来。

食俗：白露请茶

"春茶苦，夏茶涩，要喝茶，秋白露。"白露时节，茶树经过夏季的酷热，正处于生长的最佳时期。白露茶独具甘醇的清香味道，尤其受老茶客的喜爱。

农事：棉花吐絮

白露时节，棉田里呈现出一派喜人的景象，棉桃齐刷刷地咧开了嘴，吐出一团团柔软雪白的棉絮，农民伯伯都在田里忙着摘棉花。

气象：露水初现

白露时节，我们在路边的草、树叶及农作物上经常可以看到露珠。露一般在夜间形成，日出后，温度升高，露就消失不见了。

秋风引

[唐]刘禹锡

何处秋风至，
萧萧送雁群。
朝来入庭树，
孤客最先闻。

食俗：白露米酒

白露时节，南方一些地方家家户户都有酿酒的习俗。这个时节酿出的酒温中含热，略带甜味，称作"白露米酒"，常用来招待客人。

民俗：祭祀禹王

白露时节，江苏太湖民间有祭祀禹王的习俗，此习俗也称为拜祭"水路菩萨"。民间会举行盛大隆重的祭祀活动。相传禹王就是治水英雄大禹，民间称他为"水路菩萨"或"河神"，与尧舜并称为古圣王。届时人们会赶庙会、打锣鼓、跳舞蹈，场面十分热闹。

养生：白露勿"露"

"处暑十八盆，白露勿露身。"这句话意思是说，处暑时，天气仍热，人们每天需用一盆水洗澡，过了十八天，到了白露，就不能再赤膊裸体了，以免着凉。

秋分

丹桂飘香

秋分正是秋收的好时节，玉米脱去了绿色的外衣，换上了一件件"黄马褂"。你看，那金黄色的玉米，就像一个个金色的胖娃娃，可招人喜欢了。

秋分

每年阳历的 9 月 22～23 日，太阳到达黄经 180°，为秋分节气。秋分是秋季九十天的中分点，这一天昼夜再次等长，此后，北半球日短夜长。秋分是收获的好时节。农民要及时抢收玉米、大豆、芝麻等秋收作物，以免遭受早霜冻和连阴雨的危害；还要适时早播小麦等冬作物，为来年丰收奠定基础。秋分分三候：一候雷始收声，二候蛰虫坯（pī）户，三候水始涸（hé）。

立秋三候

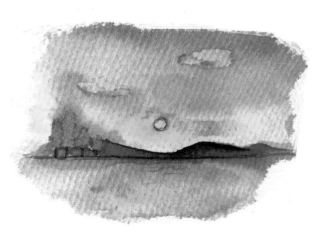

二候：蛰虫坯户

蛰虫坯户是指需要冬眠的小动物们受寒气的驱逐，入地封塞巢穴，提前告别残秋，准备冬眠。

一候：雷始收声

秋分以后，降水减少，雷声和闪电也渐渐消失。古人认为雷是因为阳气盛而发声，秋分以后阴气开始旺盛，所以雷和闪电也就渐渐消逝了。

三候：水始涸

秋分时节，降水开始减少，北方河川里的水流量也开始变小了。

86

中秋

[唐]司空图

闲吟秋景外，
万事觉悠悠。
此夜若无月，
一年虚过秋。

物候：馥郁桂花香

秋分时节，桂花盛开，散发着一阵阵独特的馨香。桂花可用于制作桂花糕。桂花糕香甜可口，许多小朋友都喜欢吃。

物候：瓜果熟了

秋高气爽，瓜果飘香。对于喜爱吃水果的小朋友来说，这真是一个令人难忘的季节。 孩子们在家人的带领下，纷纷走进大自然，投身田园，享受采摘的乐趣。

农事：秋收、秋耕

秋分前后，由于降温越来越快，秋季成熟的作物到了收割的黄金时期。秋收、秋耕、秋种的"三秋"大忙显得格外紧张。农民一边忙着收割玉米、向日葵、芝麻、高粱、稻子等，还要抓紧进行秋耕，准备播种冬小麦和油菜。

秋收

秋耕

农历八月十五是我国传统的中秋佳节。中秋之夜，人们仰望高天明月，自然期望家人团聚。远在他乡的游子，更平添了思乡之情。因此，中秋节又称"团圆节"。中秋拜月和吃月饼是我国各地过中秋的必备习俗，人们以此来寓意团圆，寄托思念。

放孔明灯

孔明灯又叫天灯，相传是由三国时诸葛亮发明的。中秋之夜，至今民间还有放孔明灯的习俗。孔明灯缓缓升至高空，人们目送它飘向远方，感觉自己美好的心愿也因此实现了。

拜 月

自古以来，我国就有中秋拜月的习俗。家家户户院中都要设上香案，摆上月饼、水果等祭品。当月亮升起来后烧香，妇女先拜，儿童次拜，然后由当家主妇切开团圆月饼。

走月亮

中秋之夜，民间有些地方有"走月亮"的风俗。明月当空，妇女们结伴在月下游玩，或互相走访，或举行文艺活动，直到尽兴而归。据说苏州妇女走月亮，至少要走过三座桥，称为"走三桥"。

寒露

枫红似火

重阳节这天，我和爷爷奶奶去爬山。此时枫叶已经火红火红了，风吹叶落，就像一只只翩翩起舞的蝴蝶。

寒露

每年阳历 10 月 8~9 日，太阳到达黄经 195°，为寒露节气。到了寒露，已经是二十四节气中的第十七个节气了。寒露意指此时节的气温比白露时还要低，地面的露水更凉，就要凝结成霜了。此时，雨季结束，大地上一派深秋景象。寒露分三候：一候鸿雁来宾，二候雀入大水为蛤（gé），三候菊有黄华。

寒露三候

二候：雀入大水为蛤

"大水"指海，"蛤"指蛤蜊（lí）类的贝壳。深秋天寒时节，雀鸟都不见了，古人看到海边突然出现很多条纹及颜色与雀鸟很相似的蛤蜊，还以为是雀鸟变成的呢！

一候：鸿雁来宾

"宾"指宾客。古人认为"先到为主，后至为宾"，鸿雁南归也有先有后，白露时南归的鸿雁已经成为主人，到了寒露，晚归的鸿雁自然被当作宾客来对待喽！

三候：菊有黄华

寒露时节，黄色的菊花已普遍绽放，古时文人墨客于此时品蟹赏菊，堪为美事。

农事：播种小麦

俗话说："寒露种小麦，种一碗，收一斗。"寒露种麦要抢时早播，以达到出苗"匀、齐、壮"的效果。

气象：秋高气爽

"一场秋雨一阵寒"，气温降得快是寒露时节的一个特点。有时一场秋雨过后，温度下降8~10℃较常见。此时昼暖夜凉，白天往往秋高气爽。

农事：收花生

物候：枫叶变红

寒露时节，秋风飒飒，你会观察到枫叶红了。满山遍野的红叶是秋天最为壮观的景色。

这个时节，该收花生了。我学着爷爷的样子，抓住花生的茎，用力一拔，一串又大又多的花生出来了。然后，我摘下一颗，轻轻地剥开花生的外壳，一眼就看到了睡在红帐子里的花生宝宝，看着它，让我馋得直流口水。

九月九日忆山东兄弟

[唐]王维

独在异乡为异客，
每逢佳节倍思亲。
遥知兄弟登高处，
遍插茱萸少一人。

寒露前后，金秋送爽，丹桂飘香，有个中国传统节日——重阳节。重阳节（农历九月初九）又称"登高节"。这一天人们相约出游赏秋、登高远眺。民间还有观赏菊花、插茱（zhū）萸（yú）、吃重阳糕、饮菊花酒等习俗。

佩戴茱萸

重阳节有佩戴茱萸的习俗。茱萸香味浓，有驱虫祛（qū）湿、逐风邪的作用，并能消积食、治寒热。民间认为九月初九是逢凶之日，多灾多难，所以在重阳节人们喜欢佩戴茱萸以避邪求吉。茱萸或佩戴于手臂，或做成香袋，还有插在头上的。

吃重阳糕

重阳糕又称为花糕，为重阳节的传统食品。重阳节吃重阳糕据说可讨一个好兆头。

登高望远

重阳节登高是由来已久的风俗，相传此风俗始于东汉。登高望远可达到心旷神怡、健身祛病的目的。

饮菊花酒

重阳节中国民间有饮菊花酒的习俗。菊花酒由菊花与糯米、酒曲酿制而成，古称"长寿酒"，其味清凉甜美，十分好喝。

霜降

落木萧萧

　　红薯一般要在下霜前采收，否则不易保存。爷爷把红薯挖出来，只见一根红薯藤下面几个红薯依偎在一起，就像一群贪睡的小娃娃。

每年阳历的 10 月 23~24 日，太阳到达黄经 210°，为霜降节气。霜降是秋季里的最后一个节气，也是秋冬间的过渡时节。霜降时，天气逐渐变冷，开始降霜。晚上地面散热很多，温度骤然下降到 0℃以下，空气中的水汽在地面或植物上直接凝结成白色疏松冰晶，即为霜。霜降分三候：一候豺（chái）乃祭兽，二候草木黄落，三候蛰虫咸俯。

霜降三候

二候：草木黄落

霜降时节，万物生长速度减慢，落叶类植物的叶子开始转黄，一阵风吹过，纷纷归向大地。

一候：豺乃祭兽

豺是一种大小似狗的动物，这个时节，豺在吃东西前很是讲究，它们将捕获的猎物一一陈列出来，如同祭拜一样，然后再食用，故称之为豺乃祭兽。

三候：蛰虫咸俯

霜降时节，冬眠的小动物开始在洞中不动不食，进入冬眠状态。

在百花凋谢的时候，芙蓉花却傲霜绽放，白居易诗曰："莫怕秋无伴愁物，水莲花尽木莲开。"这里的木莲指的就是芙蓉花。一朵朵多彩的芙蓉在秋去冬来之时，在大地萧瑟的季节平添了几许生机。

刨萝卜

收白菜

气象：出现霜花

霜降时节，小朋友清早起来，或许会发现街边的树、草和地面上沾满一粒粒、一片片的霜花，连树枝上也挂满了白霜，像一树树怒放的梨花，十分好看。

农事：农田管理

农谚曰："霜降到，无老少。"意思是说此时田里的庄稼不论成熟与否，都可以收割了。此时节，农民不但要忙着刨萝卜、收白菜，还要拔棉秆、除根茬，因为在这些根茎里潜藏着许多过冬的虫卵和病菌，只有彻底根除，才能使来年庄稼免遭虫害。

枫桥夜泊

[唐]张继

月落乌啼霜满天，
江枫渔火对愁眠。
姑苏城外寒山寺，
夜半钟声到客船。

树叶落了，我和小伙伴们可乐翻天了。我们捡来各种树叶，拿上剪刀，尽情地玩起了树叶拼图游戏。有的小朋友还玩起了豆子拼图、蔬菜拼图游戏。

养生：霜降"四防"

一防贼风。早晚温差大，贼风往往会乘虚而入，使全身酸痛、疲乏无力。二防秋燥。燥邪伤人体津液，使人出现各种燥象。三防湿邪。秋天须防湿气阴邪。四防秋郁。尽量少忧思，注意保持生活规律，多参加体育活动。

农事：摘柿子

俗话说："霜降摘柿子，立冬打软枣。霜降不摘柿，硬柿变软柿。"柿子一般在霜降前后完全成熟，这时候的柿子皮薄、肉软、味美、营养价值高，正是摘柿子、吃柿子的好时节。

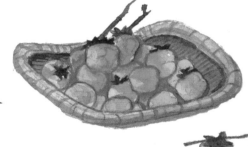

传说：
救命的柿子树

①传说明朝开国皇帝朱元璋，小时候家中十分贫困，经常四处讨饭为生。有一年霜降时节，已经两天水米未进的朱元璋饿得头晕眼花，四肢无力，眼看就要饿死了。

②当他跌跌撞撞走向一个村子时，突然眼前一亮，发现村边一处烂瓦堆里有一棵柿子树，上面挂满了红彤彤的柿子。朱元璋使出最后力气爬上树，狼吞虎咽地吃了一顿柿子大餐，总算捡回了一条命。说也神奇，自从吃了这顿柿子餐后，整个冬天，朱元璋的身体都很健康，而且精气神十足。

③后来，当上了皇帝的朱元璋，有一年领兵再次路过那个小村庄，发现那棵柿子树还在，上面依旧挂满了红彤彤的柿子。面对此情此景，朱元璋真是感慨万千，他缓缓地脱下自己的红色战袍，亲自爬上树去，郑重其事地将战袍披挂在柿子树上，并封这棵树为"凌霜侯"，这才依依不舍地离去。

④这个故事流传开后，民间人们在霜降这天都要吃上几口柿子以示纪念，并且作为习俗流传至今。

冬

冬天就像一个魔术师，它"呼"地一吹，青蛙、蛇等需要冬眠的动物都不见了；它"呼"地一吹，满天飘起了雪花，一会儿大地就变白了；它"呼"地一吹，人们就围上了围巾，穿上了棉衣，戴上了手套。

冬季装备

棉袄　　　围巾　　　棉帽　　　手套

立冬

北风潜入

　　立冬了，家家户户都在为过冬做准备。我和爷爷、奶奶也不例外，我们正在忙着给牛棚围上厚厚的草围栏，为牛儿准备充足的草料，以保证牛儿能安全过冬。

立冬

每年阳历的 11 月 7~8 日，太阳到达黄经 225°，为立冬节气。立冬不仅表示冬季开始，更有万物收藏，规避寒冷之意。立冬前后，我国大部分地区降水显著减少，降水的形式呈现多样化，如雨、雪、雨夹雪、冰粒等，随着冷空气的加强，气温下降趋势加快。立冬分三候：一候水始冰，二候地始冻，三候雉（zhì）入大水为蜃（shèn）。

 立冬三候

二候：地始冻

立冬后五日，土壤中的水分因天冷而逐渐凝冻，土壤也随之变硬了。

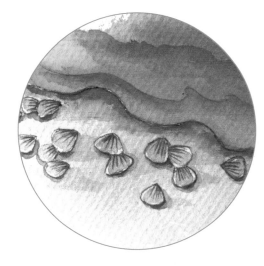

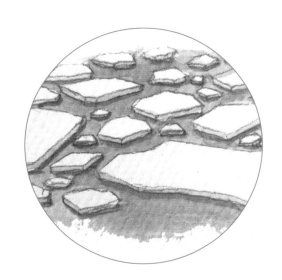

一候：水始冰

立冬时节，中国北方天气寒冷，水面上开始结出一层薄薄的冰，而中国的南方正处于秋收冬种的好时节。

三候：雉入大水为蜃

蜃是大蛤，雉是野鸡。立冬后，野鸡一类的大鸟就很少见了，在海边人们却能看到线条和颜色与野鸡都很像的大蛤，古人们因此误认为雉到立冬后就变成了大蛤。

农事：果树剪枝

冬季果树处于休眠期，可以进行修剪，一般萌芽早的早修剪，萌芽晚的晚些修剪。修剪主要是剪除徒长枝、下垂枝、背上枝、过密枝、病虫枝、枯枝和弱小枝，修剪可以使果树更好地通风和获得光照，减少病虫害，使果树结果质量得到提高。

气象：雾霾天气

这时节，天气还不算冷，气温逐渐下降，空气质量也随之下降了。大气中积聚的水汽和污染微粒结合凝结后，形成雾霾，影响了人们的健康和交通运行。

物候：寒兰开

立冬时节，百花凋零，大地上一片萧瑟，寒兰却依然碧叶苍翠，绽蕊吐芳。

立冬

[唐]李白

冻笔新诗懒写，
寒炉美酒时温。
醉看墨花月白，
恍疑雪满前村。

食俗：身体进补

立冬时节，在我国南方部分地区，人们爱吃一些鸡鸭鱼肉。在台湾立冬这一天，街头的"羊肉炉""姜母鸭"等冬令进补餐厅座无虚席。

食俗：立冬吃饺子

饺子有"交子之时"的说法，立冬是秋冬之交，因此民间有"每逢交子之时，饺子不能不吃"的饮食习俗。

食俗：腌菜正当时

立冬正是制作腌菜的好时节。将暂时吃不完的菜品洗净腌制起来，既爽口，又能延长蔬菜的保存时间。需要注意的是，腌制咸菜一定要用腌菜盐，即不含碘等添加剂的盐。

节日：寒衣节

我国民间三大悼亡节日：清明节、中元节、寒衣节，也被称为一年中的三大"鬼节"。寒衣节时间点在我国农历的十月初一，已进入立冬，天气逐渐寒冷。在这一天，妈妈们要将棉衣拿出来给孩子和孩子爸爸象征性地试穿一下，图个吉利，或将冬衣捎给远方的游子，以示牵挂和关怀。人们又惦念逝去的亲人，便将冥币用纸袋装好，烧祭故去的亲人，希望他们也能过上一个暖冬。

节日：下元节

立冬时节的农历节日还有十月十五的下元节。下元节又称为"下元日""下元"。下元节的来历与道教有关。道家有三官，即天官、地官、水官，谓天官赐福，地官赦罪，水官解厄，一切众生皆由天、地、水官统摄。三官的诞生日分别为农历的正月十五、七月十五、十月十五，这三天分别被称为"上元节""中元节""下元节"。下元节，就是水官解厄之辰。

禹庙祭禹

古人认为，十月十五是禹的诞辰日，各地禹庙等大禹纪念场所常有祭拜大禹的活动。

享祭祖先

享祭祖先是对祖先信仰的反映，是人类对自身的崇拜。享祭祖先是为了祈求祖先庇佑于后代。

祭炉神

下元节，金属制作匠人、矿工皆有祭祀炉神——老君的习俗。因为传说老君为道家之祖，善于炼丹，自然把老君奉为矿工、五金匠人的祖师爷。祭炉神时，匠人、矿工可以休息，吃美食，对老君顶礼膜拜，烧香叩头，祈求老君保佑行业发展、人身安全。

普度孤魂

下元节，福建一些地方有普度孤魂的习俗。方法是在房前空地上摆上供桌，放上祭品，烧香贡银，并让孩子用烧着的香枝均匀地插成一片小方块，称作"布田"。据说这种习俗是为了祭亡灵，俗称"普孤"，即普度孤魂的意思。

吃豆沙包

下元节也有独特的节令食品。以北京为例，下元节时，家家户户都要做豆沙包。

吃芋子包

下元节，民间有做芋（yù）子包的习俗。芋子包就是将芋头捣成芋泥后，加入适量木薯粉做包子皮包成的一种包子，馅为瘦猪肉、香菇、冬笋（或笋干）丝、虾仁、萝卜丝等。

小雪

雪映丰年

　　早上起来出门一看，下雪了！朵朵雪花就像吹落的梨花瓣，零零落落地飘了一地。雪停了，爷爷一边念叨着"小雪不怕小，扫到田里就是宝"，一边往三轮车里铲雪。爷爷要把三轮车里的雪拉到麦田里去，为小麦保温，同时也能帮助麦苗渡过"旱关"。

小雪

每年阳历 11 月 22~23 日，太阳到达黄经 240°，为小雪节气。小雪表示降雪的起始时间和程度，是直接反映降水的节气。小雪时节，气温下降，气层温度逐渐降到 0℃以下，开始降雪，但雪量不大，而且落地后容易融化。北方地区受强冷空气影响时，常伴有入冬以来第一场雪。小雪分三候：一候虹藏不见，二候天腾地降，三候闭塞成冬。

小雪三候

二候：天腾地降

天腾是指天气上升，地降是指地气下降。天空中阳气上升，地下阴气下降，导致阴阳不交，天地不通。

一候：虹藏不见

小雪时节，由于气温降低，北方以下雪为主，不再下雨了，所以彩虹也就像藏起来一样，看不见了。

三候：闭塞成冬

小雪时节，天地闭塞，此时，万物已转入严寒的冬天。

"雨的快乐，只有雪花知道。它们相拥，打乱了天空的秩序。"这是对雨夹雪的诗意描述。随着天气逐渐转冷，天空中的雨滴便化身为雪花，但这个时节的雪，常常是半冻半融状态，有时还会雨雪同降，这类降雪被称为"雨夹雪"。

物候：水仙花开

水仙花总是在寒冬腊月开放。小雪时节，水仙花开了，它就像公主一样，纯洁、高贵、美丽。"借水开花自一奇，水沉为骨玉为肌。暗香已压荼蘼倒，只此寒梅无好枝。"古人的这首诗或许就是对水仙最贴切的描写。

小雪

[唐]戴叔伦

花雪随风不厌看，
更多还肯失林峦。
愁人正在书窗下，
一片飞来一片寒。

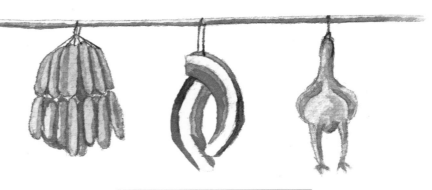

小雪时节正是加工腊肉、香肠的好时候。到了春节，正好可以享受美食！

食俗：打糍粑

在南方某些地区，有小雪打糍粑的习俗。随着木棍一声声刚劲有力的捶打，孩子们都欢天喜地地围拢过来。

民俗：蔬菜入窖

小雪时节，在中国北方，田地里的蔬菜也到该入窖的时候了。菜窖是北方冬季用来储存蔬菜的地窖，这种菜窖无需供暖，温度可保持在0～5℃。

大雪

雪满前村

一早起来，鹅毛般的雪花纷纷扬扬地飘落下来。我把一个小雪球在雪地里滚呀滚呀，滚成了一个大大的雪球，往后一看，竟滚出了一条小路。

大雪

每年阳历 12 月 7~8 日，太阳到达黄经 255°，为大雪节气。大雪，顾名思义，雪量大。这时节，我国大部分地区的最低温度都降到了 0 ℃或以下。在强冷空气前沿冷暖空气交锋的地区，往往会降大雪，甚至暴雪。大雪分三候：一候鹖鸥不鸣，二候虎始交，三候荔挺出。

大雪三候

一候：鹖鸥不鸣

鸥即寒号鸟。大雪时节，天气寒冷，飞禽走兽都消失了踪影，连寒号鸟的悲鸣声也听不到了，万物俱寂。

二候：虎始交

时至大雪，就连老虎们也感觉到了孤单，它们纷纷寻找自己的伴侣，孕育虎宝宝，开始寻求"家"的温暖了。

三候：荔挺出

荔挺，草名。大雪时分，万物凋敝，只有荔挺还在生长，露出地表，它以天为被，以雪为枕，坚强地与严寒抗争，震撼人心。

你知道吗？世界上还降过彩雪呢！人们在南极见过红、黄、绿、褐等颜色的雪。原来这是藻类植物在作怪。这种彩色的雪，就是不同颜色的藻类植物被暴风刮到高空，和雪片相遇，粘在雪片上形成的。

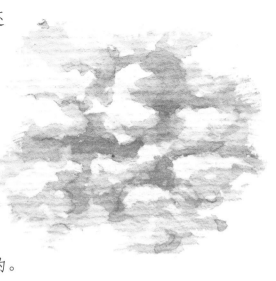

农事：瑞雪兆丰年

大雪对农作物有许多好处，如为冬作物创造良好的越冬环境，起到提升地温的作用；同时待到来年春天积雪融化，还能为农作物的生长提供充足的水分，所以农谚说"瑞雪兆丰年"。

气象：大雪纷飞

大雪时节常会有大量降雪出现。玉屑似的雪花在天空中左摇摇，右晃晃，就像一个个喝醉酒的精灵慢慢飘落下来。我通常会在这样的天气随爷爷去堆雪人，滚雪球。

游戏：堆雪人、打雪仗

又到玩雪的时节了。一场大雪过后，整个世界变得银装素裹，我和小伙伴们纷纷走出家门，去堆雪人、打雪仗，玩得可开心了。

111

江雪

[唐]柳宗元

千山鸟飞绝，
万径人踪灭。
孤舟蓑笠翁，
独钓寒江雪。

在北方，雪停后，房顶上积了厚厚的一层雪，为减轻雪在冰冻及融化过程中对屋顶造成的损伤，也为了减轻房顶的压力，人们纷纷到房顶上去扫雪。

食俗：兑糖儿

"糖儿客，慢慢担，小息儿跟着一大班。"过去，每至大雪前后，在温州街头便会出现"兑糖儿"的场面。"糖儿客"们挑着整版的饴（yí）糖，敲打着糖刀沿街叫卖，孩子们常被吸引，将家里的铜质废品、铜钱铜板之类拿出来跟"糖儿客"换糖，场面足够诱惑，也饶有趣味。

食俗：喝红黏粥

大雪后，气温逐渐变冷，鲁北民间有"碌（liù）碡（zhou）顶了门，光喝红黏粥"的说法。孩子们天冷了不再出去疯玩，而是躲在家里喝热乎乎的红薯粥。红薯素有"补虚乏，益气力，健脾胃，强肾阴"之功效，可提升人的免疫力。

冬至

数九寒天

　　冬至日，天上雪花飘舞，爷爷拉着我去郊外欣赏雪景。爷爷说："冬至不端饺子碗，冻掉耳朵没人管。"每年冬至这天，不论贫富，饺子都是必不可少的节日饭。

每年阳历的 12 月 21~23 日，太阳到达黄经 270°，为冬至节气。冬至这一天是北半球全年中白天最短、夜晚最长的一天。农谚曰："吃了冬至面，一天长一线。"意思是说，冬至后白昼时间日渐增长，但短期内气温仍会继续下降。冬至也是我国一个传统节日，叫"冬至节"，民间这一天有很多与之相关的习俗。

冬至分三候：一候蚯蚓结，二候麋（mí）角解，三候水泉动。

冬 至 三 候

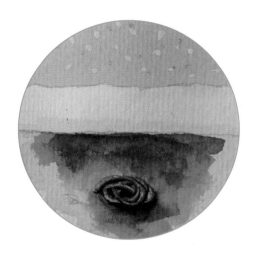

一候：蚯蚓结

冬至时节，天寒地冻，地下的蚯蚓仍然蜷缩着身体过冬。

三候：水泉动

到了冬至，深藏于地下的水和山中的泉水也并没有结冰，仍然在悄悄地流动，并且是温热的。

二候：麋角解

麋与鹿同科，却阴阳不同，鹿是山兽，属阳；古人认为麋的角朝后生，所以为阴。冬至阳生，麋角感受阴气渐退，方自然脱落，直到第二年夏天才会长出新角。

邯郸冬至夜思家

[唐]白居易

邯郸驿里逢冬至，
抱膝灯前影伴身。
想得家中夜深坐，
还应说着远行人。

民俗：数九

"数九"又称"冬九九"，是我国冬季一种民间习俗。从冬至起，就进入了"数九"，也就是我们常说的"数九寒天"。每九天为一个"九"，数完"一九"数"二九"，一直数到九九八十一天，叫作"数九"。正如孩子们所唱的《九九消寒歌》一样：

一九二九，不出手；
三九四九，冰上走；
五九六九，沿河看柳；
七九河开，八九雁来；
九九加一九，耕牛遍地走。

民俗：涂梅数九

数九寒天，在我国民间，有涂画"九九消寒图"的习俗。用素墨勾出九九八十一朵梅花，每天涂红一朵，花瓣涂完就出"数九"天了。

食俗：吃年糕

冬至节，杭州家家户户要吃年糕，讲究一点的人家，这天会做三餐不同风味的年糕，寓意为年年高升，吉祥如意。

养生：勤晒被褥

冬至后，天气更加寒冷，尤其是北方，天寒地冻，人们除了防寒保暖，还要勤晒被褥。勤晒被褥可避免潮湿，还可以通过阳光中的紫外线对被褥进行杀菌消毒。

"娇耳"的传说

冬至吃饺子一是为了驱寒，二是不忘"医圣"张仲景"祛寒娇耳汤"之恩。传说张仲景在辞官回乡的路上，看到不少人的耳朵都冻烂了，便让弟子搭起医棚，在冬至这天分发"娇耳"，"娇耳"就是现在的饺子，人们吃了"娇耳"，喝了"御寒汤"，浑身暖和，耳朵上的冻伤就慢慢好了，所以冬至这天民间就有了吃饺子的风俗。

吃赤豆米饭的传说

在江南一带，人们在冬至夜有吃赤豆米饭的习俗。相传，有一个叫共工氏的人，他有一个孽（niè）子，作恶多端，在冬至日死了，死后变成了疫（yì）鬼，继续残害百姓。但是，这个疫鬼最怕赤豆，于是，人们就在冬至这一天煮赤豆饭吃，用以驱避疫鬼，防灾祛病。于是，冬至吃赤豆米饭渐渐成为当地的一种习俗。

小寒

滴水成冰

爷爷不知从哪儿找出来一口大砂锅，很仔细地洗刷起来。爷爷对我说："要过腊八节了，腊八节要喝腊八粥，腊八粥要用砂锅熬出来才好喝。"听了爷爷的话，我开始对腊八节的到来充满憧憬，仿佛已闻到了那醇厚的腊八粥香味。

小寒

每年阳历1月5~7日，太阳到达黄经285°，为小寒节气。小寒是二十四节气中的倒数第二个节气。小寒之后，我国气候开始进入一年中最寒冷的时段。俗话说，冷气积久而寒。此时，天气寒冷，但还未冷到极点，故称为小寒。小寒分三候：一候雁北乡，二候鹊始巢，三候雉始雊（qú）。

小寒三候

二候：鹊始巢

鹊即喜鹊。小寒时节，北方那些光秃秃的树枝上，已有喜鹊开始衔草筑巢，准备孕育宝宝。

一候：雁北乡

禽鸟是最早能感知气候变化的。在白露时节，大雁由北向南飞，现在虽然是冰天雪地，但是阳气已动，因此大雁便开始向北迁移。

三候：雉始雊

雊即鸣叫。小寒时节，漂亮的雉鸟也因为阳气的生长而高歌鸣唱起来。

游戏：溜冰

小寒至大寒，天寒地冻，河面或湖面上的冰冻成了厚厚一层，在上面溜冰成了大人小孩的一项乐此不疲的运动。会溜的小朋友自然很得意，不会溜的，在冰面上连滚带爬，也感到十分有趣。

物候：蜡梅花开

蜡梅与梅花不同，两者不同科。前者为蜡梅科，后者为蔷薇科。蜡梅俗称腊梅，通常在12月初开花，花开至下一年2月，腊梅初绽，人们离很远便能闻到阵阵花香。

农事：歇冬

小寒时节，天寒地冻，农事上，北方大部分地区田地里已无事可做，开始歇冬。这期间主要任务是做好菜窖及畜舍保暖工作，如给鸡窝铺上厚厚的干草等。

寒夜

[宋]杜小山

寒夜客来茶当酒，
竹炉汤沸火初红。
寻常一样窗前月，
才有梅花便不同。

农历十二月又叫腊月，腊月初八是一年一度的腊八节，至今已有一千多年的历史。这一天，中国民间有喝腊八粥、敬神供佛等习俗。许多人家自此拉开春节的序幕，忙于杀年猪、置办年货，过年的气氛越来越浓。

煮腊八粥

在中国民间，腊八节有喝腊八粥的习俗。吃腊八粥，用以庆祝丰收，这个传统一直流传至今。

吃麦仁饭

青海西宁人在腊八节这天并不喝腊八粥，而是吃麦仁饭。腊月初七晚上将新碾的麦仁，与牛羊肉同煮，加上青盐、姜皮、花椒、草果等佐料，经一夜文火熬煮即成。

泡腊八蒜

腊八蒜是用醋腌制的蒜，成品颜色翠绿，口味偏酸微辣，因多在农历腊八节进行腌制，故称"腊八蒜"。

大寒

初嗅梅香

　　大寒时节的一个重要农历节日就是小年。小年在北方地区是腊月二十三，南方地区是腊月二十四。从小年开始，就进入了过大年的倒计时。小年是祭灶的日子，每年这一天，人们都要买些麦芽糖来祭灶。

大寒

时至大寒，已是二十四节气中的最后一个节气了。从每年阳历的 1 月 19～21 日开始，太阳运行到黄经 300°，为大寒节气。同小寒一样，大寒也是表示天气寒冷程度的节气。大寒时节，天气最冷，同时降水量也最少。大寒之后就到了一年一度的春节，所以这个时节充满了浓郁的年味。大寒分三候：一候鸡始乳，二候征鸟厉疾，三候水泽腹坚。

大寒三候

一候：鸡始乳

大寒时节，母鸡便开始兢兢业业地孵化小鸡了。

二候：征鸟厉疾

征鸟指凶猛有攻击性的鸟类，如老鹰等。大寒时节，征鸟正处于捕食能力极强的状态中，盘旋于空中到处寻找食物，以此来补充身体的能量，抵御严寒。

三候：水泽腹坚

大寒时节，江、河、湖等水域中的冰一直冻到水中央，结成了坚实的冰块。

终南望余雪

[唐]祖咏

终南阴岭秀，
积雪浮云端。
林表明霁色，
城中增暮寒。

民俗：赶年集

大寒时节，民间有赶年集的习俗，主要是购买年货，为过年做准备。这时节集市上的商品可以说是琳琅满目，应有尽有，人们的脸上都带着期盼新年的喜悦。

气象：天气极冷

到了大寒，我国大部分地区进入一年中最冷的时期。风大，低温，地面积雪不化，呈现出冰天雪地、天寒地冻的严寒景象。

物候：梅花开了

梅花开在严冬。梅花与松、竹并称为"岁寒三友"。它从不与百花争艳，迎风傲雪，香远愈清，折一枝在手，凑近闻闻，仿佛春天已经来到了眼前。

大寒时节还有个中国传统节日除夕节。除夕是指农历每年年末最后一天的晚上，即大年初一前夜。因常在农历腊月二十九或三十日，故又称该日为年三十。除夕是中国最重大的传统节日之一。除夕晚上的家宴俗称年夜饭，也叫团圆饭，这时家庭成员要尽可能地齐全，许多远在外地的家庭成员也总要在年夜饭之前赶回家中团聚。

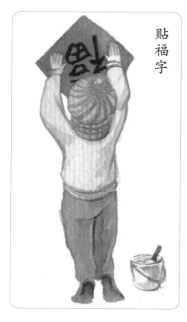

贴福字

贴窗花

贴春联

迎新年

除夕这天，家家户户都在忙着贴福字、窗花、春联、年画、门神等，为节日增添喜庆气氛，寄托了人们对幸福、美好生活的向往。

守 岁

中国民间在除夕有守岁的习俗。守岁是从吃年夜饭开始，全家欢聚一堂，围炉而坐，吃水饺，叙旧话新，直到大年初一早上。古时守岁有两种含义，年长者守岁为"辞旧岁"，有珍惜光阴之意；年轻人守岁，有为父母添寿的寓意。